DICTIONNAIRE

DES

SCIENCES NATURELLES.

PLANCHES.

BOTANIQUE : VÉGÉTAUX DICOTYLÉDONS.

192 — 313.

STRASBOURG, DE L'IMP. DE F. G. LEVRAULT.

DICTIONNAIRE

DES

SCIENCES NATURELLES.

2.e PARTIE : RÈGNE ORGANISÉ.

Botanique

CLASSÉE D'APRÈS LA MÉTHODE NATURELLE DE

M. ANTOINE-LAURENT DE JUSSIEU,

Membre de l'Académie royale des sciences de l'Institut,

PAR

M. P. J. F. TURPIN,

Membre de plusieurs sociétés savantes.

VÉGÉTAUX DICOTYLÉDONS. 192 — 313.

PARIS,

F. G. LEVRAULT, LIBRAIRE-ÉDITEUR, rue de la Harpe, n.° 81,

Même maison, rue des Juifs, n.° 33, à STRASBOURG.

1816 — 1829.

TABLES DES PLANCHES

DU

DICTIONNAIRE DES SCIENCES NATURELLES.

BOTANIQUE.

4.e DIVISION. = VÉGÉTAUX DICOTYLÉDONS. (*Suite.*)

N.° d'ordre.	FAMILLES.	GENRES ET ESPÈCES.	RENVOI AU TEXTE. Tome.	Page.	N.° du cahier.
		CLASSE QUINZIÈME.			
		PÉRIPÉTALIE.			
192	Paronychiées....	Illécébrum paronyque....	23 38	29 6	44
193	*Idem* [1]	Cadélari ficoïde..........	6 61	132	31
194	*Idem* [1]	Alternante sessile........	1 20 61	519 244	
195	Portulacées.....	Claytone de Virginie.....	9	380	9
196	Ficoïdes........	Ficoïde blanchâtre.......	16 61	514	24
197	Saxifragées.....	Saxifrage granulée........	47	558	8
198	Cunoniacées....	Weinmanne pubescente...	59 61	34	34
199	Hamamélidées...	Fothergil à feuilles d'aune.	17	271	48
200	Bruniacées......	Brunie à feuilles sétacées..	5 61	382	47
201	Joubarbes.......	Joubarbe de montagne....	24 61	249	42
202	*Idem*..........	Cotylet à fleurs disposées en cyme............	11 61	69	23
203	Cactoïdes.......	Cactier à cochenilles.....	6 6 S.	102 6	41
204	*Idem*..........	= élégant..........	61		49
205	*Idem*..........	Cierge triangulaire.......	6	101	19
206	*Idem*..........	Cactier en forme de melon.	6	100	48
207	Groseillers.....	Groseiller piquant........	19	505	16
208	Cucurbitacées...	Momordique balsamine...	32	415	32
209	*Idem*..........	*Idem* (analyse)..........	32	415	

1 C'est par erreur qu'on a mis *Amaranthacées*, au lieu de *Paronychiées*, en tête de ces deux planches.

N.o d'ordre.	FAMILLES.	GENRES ET ESPÈCES.	RENVOI AU TEXTE. Tome.	RENVOI AU TEXTE. Page.	N.o du cahier.
210	NANDIROBÉES....	Nandirobe à feuilles de lierre (fleurs)........	16	501	37
211	*Idem*..........	*Idem* (fruits)...........	16	501	
212	CARICÉES........	Papayer commun........	37	367	46
213	LOASÉES........	Loase à grandes fleurs....	27	92	40
214	TURNÉRACÉES....	Turnère à feuilles d'orme.	56	127	50
215	PASSIFLORÉES....	Grenadille quadrangulaire.	19	367	14
216	*Idem*..........	" ailée.........	19	368	
217	HYGROBIÉES.....	Volant-d'eau verticillé...	31 34	455 50	44
218	ONAGRAIRES.....	Jussie à grandes fleurs...	24	300	18
219	*Idem*..........	Mâcre flottante..........	27	525	20
220	HIPPURIDÉES.....	Pesse commune..........	39	188	
221	COMBRÉTACÉES...	Chigomier à fleurs rouges.	8	573	34
222	MYRTINÉES......	Giroflier aromatique......	18	570	36
223	*Idem*..........	*Idem* (analyse)........	18	570	
224	*Idem*..........	Goyavier sauvage........	19	252	42
225	*Idem*..........	Tristan à feuilles de laurier-rose..............	55	365	54
226	*Idem*..........	Métrosidéros glauque.....	30 61	471	
227	LÉCYTHIDÉES.....	Couroupita de la Guiane..	11	273	20
228	*Idem*..........	*Idem* (analyse de la fleur)..	11	273	
229	*Idem*..........	*Idem* (analyse du fruit)...	11	273	
230	MÉLASTOMÉES....	Mélastome thé..........	29	505	17
231	*Idem*..........	Rhéxie à grandes fleurs...	44	224	18
232	MÉMÉCYLÉES[1]....	Pétaloma mouriri........	33 39	163 198	25
233	SALICAIRES......	Salicaire effilée..........	47	80	32
234	TAMARISCINÉES...	Tamarix d'Allemagne....	52	164	
235	CALYCANTHÉES....	Chimonanthe odorant.....	6	270	47
236	CHRYSOBALANÉES..	Icaquier d'Amérique.....	22	430	40
237	ROSACÉES.......	Abricotier commun......	1	71	13
238	*Idem*..........	Spirée à feuilles argentées.	50 61	284	47
239	*Idem*..........	Fraisier de l'Inde.......	17	346	11
240	*Idem*..........	Sanguisorbe moyenne.....	47 61	278	15
241	*Idem*..........	Rosier des chiens........	46	278	7
242	*Idem*..........	Pomme d'api...........	42	478	14
243	*Idem*..........	Néflier des bois.........	34	341	15
244	HOMALINÉES.....	Acomas à grappes......	1	233	42
245	SAMYDÉES.......	Samyde denticulée (fleur).	47	158	27
246	*Idem*..........	*Idem* (fruit)....	47	158	52
247	CHAILLÉTIÉES....	Chaillétie pédonculée....	8	62	

1 C'est par erreur qu'on a mis *Myrtinées*, au lieu de *Mémécylées*, en tête de cette planche.

N.° d'ordre.	FAMILLES.	GENRES ET ESPÈCES.	RENVOI AU TEXTE. Tome.	Page.	N.° du cahier.
248	Aquilarinées....	Garo de Malacca.........	18	160	52
249	Légumineuses...	Pois bisaille...........	42	130	8
250	*Idem*..........	Liane à réglisse.........	1	69	46
251	*Idem*..........	Poitea à feuilles de galega.	42	288	41
252	*Idem*..........	Indigotier franc.........	23	402	37
253	*Idem*..........	Sophora du Cap.........	49	471	23
254	*Idem*..........	Pistache de terre........	2 2 S.	310 109	45
255	*Idem*..........	*Idem* (analyse)..........	2 2 S.	310 109	
256	*Idem*..........	Gastrolobe à feuilles échancrées.................	18	176	30
257	*Idem*..........	Brésillet à calice découpé en peigne............	5 61	334	24
258	*Idem*..........	Sensitive commune......	1	87	20
259	*Idem*..........	Acacie à longues feuilles..	1 61	85	29
260	Térébinthacées..	Pistachier commun......	41	146	4
261	*Idem*..........	Acajou à pommes........	1	92	14
262	*Idem*..........	Manguier commun.......	29	47	43
263	Spondiacées.....	Monbin à fruits rouges...	32	439	42
264	Bursféracées.....	Gomart d'Amérique......	19	159	47
265	*Idem*..........	*Idem* (analyse).........	19	159	
266	*Idem*[1].........	Balsamier polygame......	3 61	481	
267	Connaracées....	Connare à cinq styles.....	10	283	49
268	Juglandées.....	Noyer commun..........	35	182	29
269	*Idem*..........	*Idem* (analyse).........	35	182	30
270	Rhamnées.......	Nerprun alaterne........	34	487	31
271	*Idem*..........	Houx commun...........	21	495	28
272	Célastrinées....	Fusain noir-pourpre......	17	532	40
273	Stapyhléacées...	Turpinia paniculée......	56	137	48
274	Stackhousiées...	Stackhouse monogyne....	50	380	45

CLASSE SEIZIÈME.

DICLINIE.

N.° d'ordre.	FAMILLES.	GENRES ET ESPÈCES.	Tome.	Page.	N.° du cahier.
275	Euphorbiacées...	Euphorbe officinal.......	16	17	42
276	*Idem*..........	Ricin commun..........	45	447	11
277	*Idem*..........	Pachysandre couchée.....	37	205	42
278	*Idem*..........	Mancenillier vénéneux...	29	2	41
279	*Idem*..........	Sablier élastique.........	46	510	12
280	*Idem*..........	Gyrostème rameux.......	61		35
281	Ulmacées.......	Orme champêtre.........	36	347	29
282	*Idem*..........	= de Chine.........			52

1 C'est par erreur qu'on a mis *Amyridées*, au lieu de *Burséracées*, en tête de cette planche.

N.° d'ordre.	FAMILLES.	GENRES ET ESPÈCES.	RENVOI AU TEXTE. Tome.	Page.	N.° du cahier.
283	Urticées	Bœhmer en chaton	5, 61	16	49
284	*Idem*	Dorstène à feuilles de berce	13	458	15
285	*Idem*	Figuier cultivé	16	533	16
286	*Idem*	Arbre à pain d'Othaïti	24	158	15
287	Chloranthées ...	Hédyosmée de Bonpland ..	20, 61	330	49
288	Coriariées	Redoul à feuilles de myrte.	45	11	39
289	*Idem*	*Idem* (analyse)	45	11	
290	Monimiées	Monimie à feuilles rondes.	32	450	43
291	Pipéritées	Poivrier noir ou aromatique	42	291	28
292	*Idem*	= revolutum	42, 61	291	
293	*Idem*	= élégant	38	395	26
294	*Idem*	Pépéromia à feuilles obtuses	38	395	27
295	Saururées	Lézardelle ou Saurure inclinée	26	201	32
296	Salicinées	Saule marceau (fleurs)	47	436	35
297	*Idem*	*Idem* (fruits)	47	436	
298	Myricées	Cirier à dents aiguës	18, 61	66	15
299	*Idem*	Casuarina à quatre valves ..	7	257	13
300	*Idem*	*Idem* (analyse)	7	257	
301	Bétulinées	Bouleau à feuilles de marceau	5	259	36
302	Cupulifères	Noisetier d'Amérique	11	161	26
303	*Idem*	= avelinier (anal.)	11	155	29
304	*Idem*	Châtaignier commun	8	232	13
305	*Idem*	*Idem* (analyse)	8	232	
306	Conifères	If commun	23	3	7
307	*Idem*	Genévrier commun	18	324	
308	*Idem*	Pin pignon (fleurs)	41	15	
309	*Idem*	*Idem* (fruits)	41	15	
310	Cycadées	Cycas des Indes (ind. stérile)	12	275	14
311	*Idem*	*Idem* (ind. fertile)	12	275	
312	Organes fructif..	Fruits fossiles.			42
313	*Idem*	*Idem*.			

FIN DE LA TABLE DES VÉGÉTAUX DICOTYLÉDONS.

TABLE

ALPHABÉTIQUE DES PLANCHES DE BOTANIQUE.

(La lettre A indique le volume des végétaux acotylédons; M celui des monocotylédons; D celui des dicotylédons; le chiffre marque l'ordre de la planche.)

D.

E.

F.

G.

Turpin pinx.t et direx.t *Massard sculp.t*

ILLÉCEBRUM Paronyque.

ILLECEBRUM Paronychia. (*Lin.*)

(*Grand. nat.*)

1. *Feuilles et stipules.* 2. *Fleur grossie.* 3. *Id. ouverte pour faire voir les étamines fertiles les étam.res stériles et le pistil.* 4, 5 et 6. *Etamines en différents sens et en différents états.* 7. *Fruit accompagné du calice.* 8. *Id. dont on a écarté les folioles calicinales.* 9. *Graine (gross. nat.)* 10. *Id. grossie.* 11. *Id. coupée verticalement.* 12. *Embryon.*

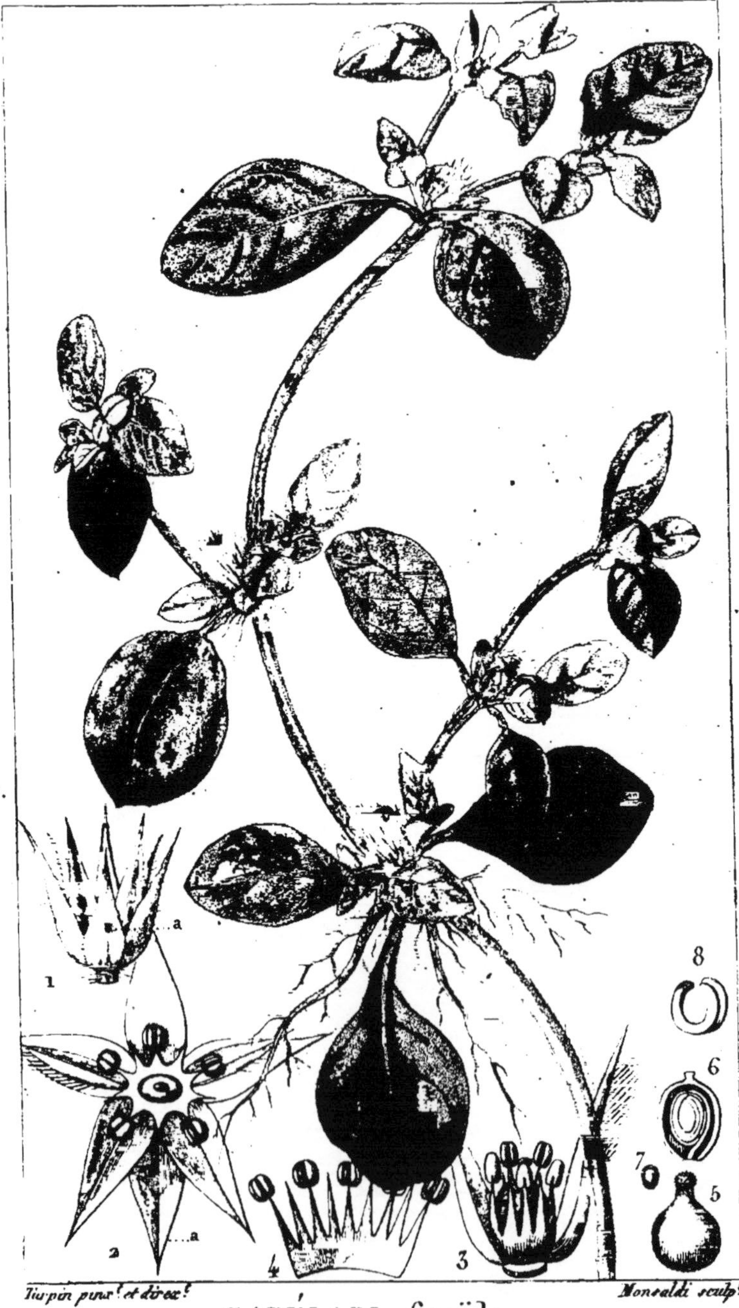

Turpin pinx.t et direx.t *Monsaldi sculp.t*

CADÉLARI ficoïde.

ACHYRANTHES ficoideum. *var. B.*

(½ Grand. nat.)

1. *Une fleur accompagnée de sa bractée, a. 2. Id. ouverte. a. Bractée à l'aisselle de laquelle est né le rameau-fleur. 3. Fleur dépouillée de ses cinq folioles calicinales. 4. Étamines soudées, alternativement, avec cinq phycostèmes. 5. Fruit 6. Id. coupé verticalement. 7. Graine. 8. Embryon isolé.*

DICOTYLÉDONES. Amaranthacées. *(Juss.)*

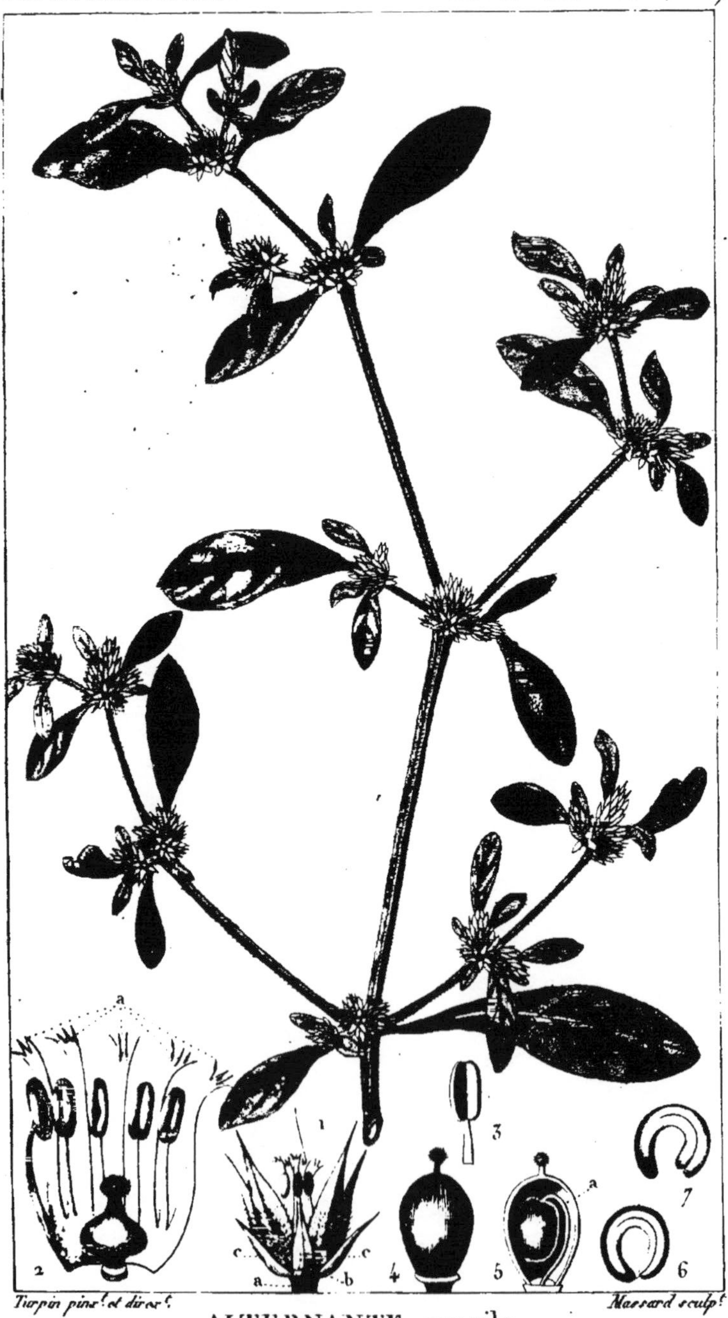

Turpin pinx.t et direx.t *Massard sculp.t*

ALTERNANTE sessile.

ALTERNANTHERA sessilis. *(Brown.) (Grand. nat.)*

1. Fleur accompagnée de trois bractées ou feuilles rudiment.res a. Axe commun. b. Feuille rudiment.e émanant de l'axe commun. cc. Feuille rudiment.e émanant de l'axe partiel de la fleur. 2. Pistil et tube staminifère ouvert. a. Phycostème lacinié et à lobes alternants avec les étamines. 3. Etamine à anthère uniloculaire ouverte. 4. Fruit. 5. Id. coupé verticalm.t a. Partie terminale de la tige mère donnant naissance à la feuille ovulaire ou protectrice de l'embryon (cordon ombilical des botanistes.) 6. Graine coupée vertic.ent 7. Embryon.

Turpin pinx.t et direx.t M.lle Coignet sculp.t

CLAYTONE de virginie.

CLAYTONIA virginica. (*Lin.*)

(*Grand. nat.*)

1. *Calice, étamines et pistil.* 2. *Pétale.* 3. *Etamine.* 4. *Calice et pistil.* 5. *Fruit et calice persistant.* 6. *le même dont on a écartée les folioles du calice.* 7. *Id. coupé horizont.ment* 8. *Id. dont les 3 valves sont ouvertes.* 9. *Graine de grosseur naturelle.* 10. *Id. grossie.* 11. *Id. coupée en longueur.* 12. *Embryon.*

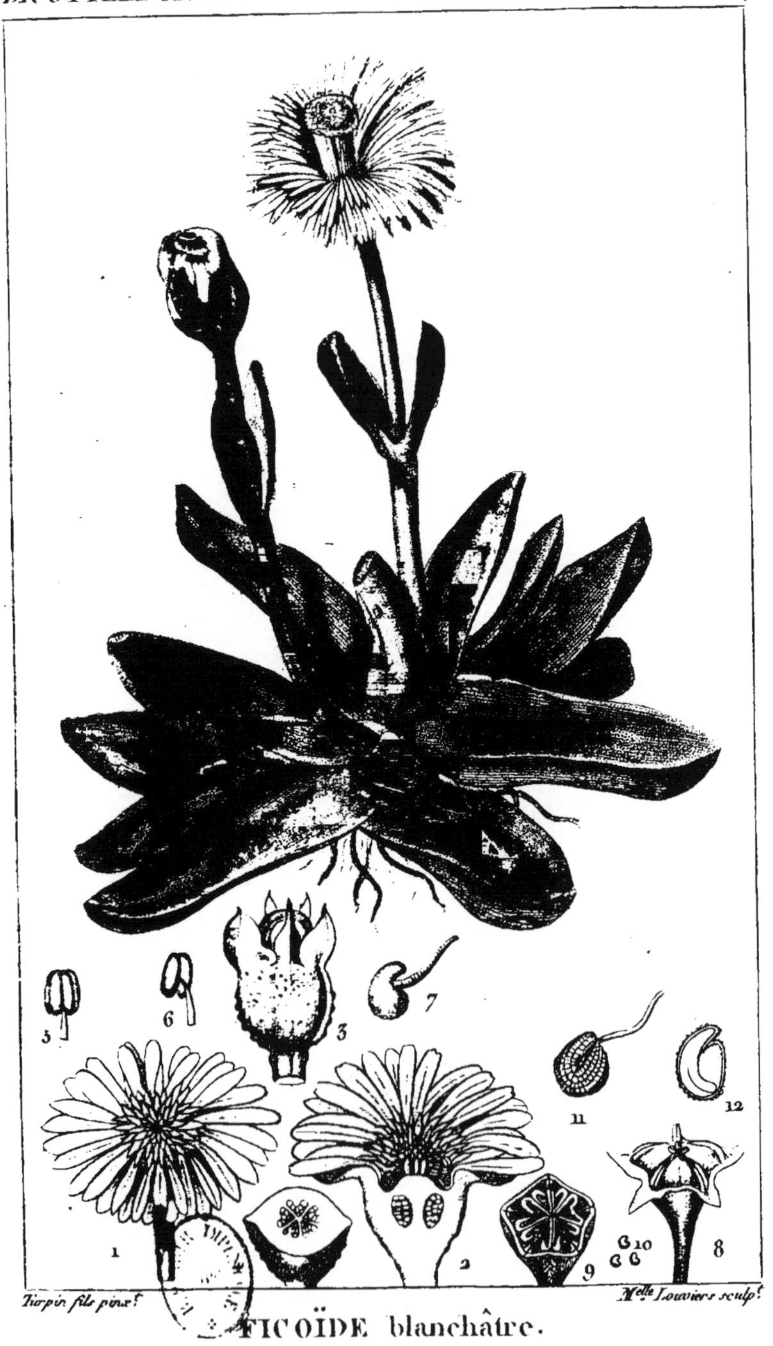

Turpin fils pinx.t Mlle Louviers sculp.t

FICOÏDE blanchâtre.

MESEMBRYANTHEMUM albidum. (Lin.)

(½ Grand. nat.)

1. Fleur entière. 2. La même coupée verticalem.t 3. Calice. 4. Coupe horisontale d'un ovaire. 5. Etamine grossie. 6. Id. vue par le dos. 7. Ovule avec son cordon ombilical. 8. Fruit. 9. Id. coupé horisont.t 10. Graines. 11. Graine grossie. 12. Id. coupée verticalement pour faire voir la situation de l'Embryon et l'endosperme. (Ces détails appartiennent au mesembryanthemum bellidiflorum.)

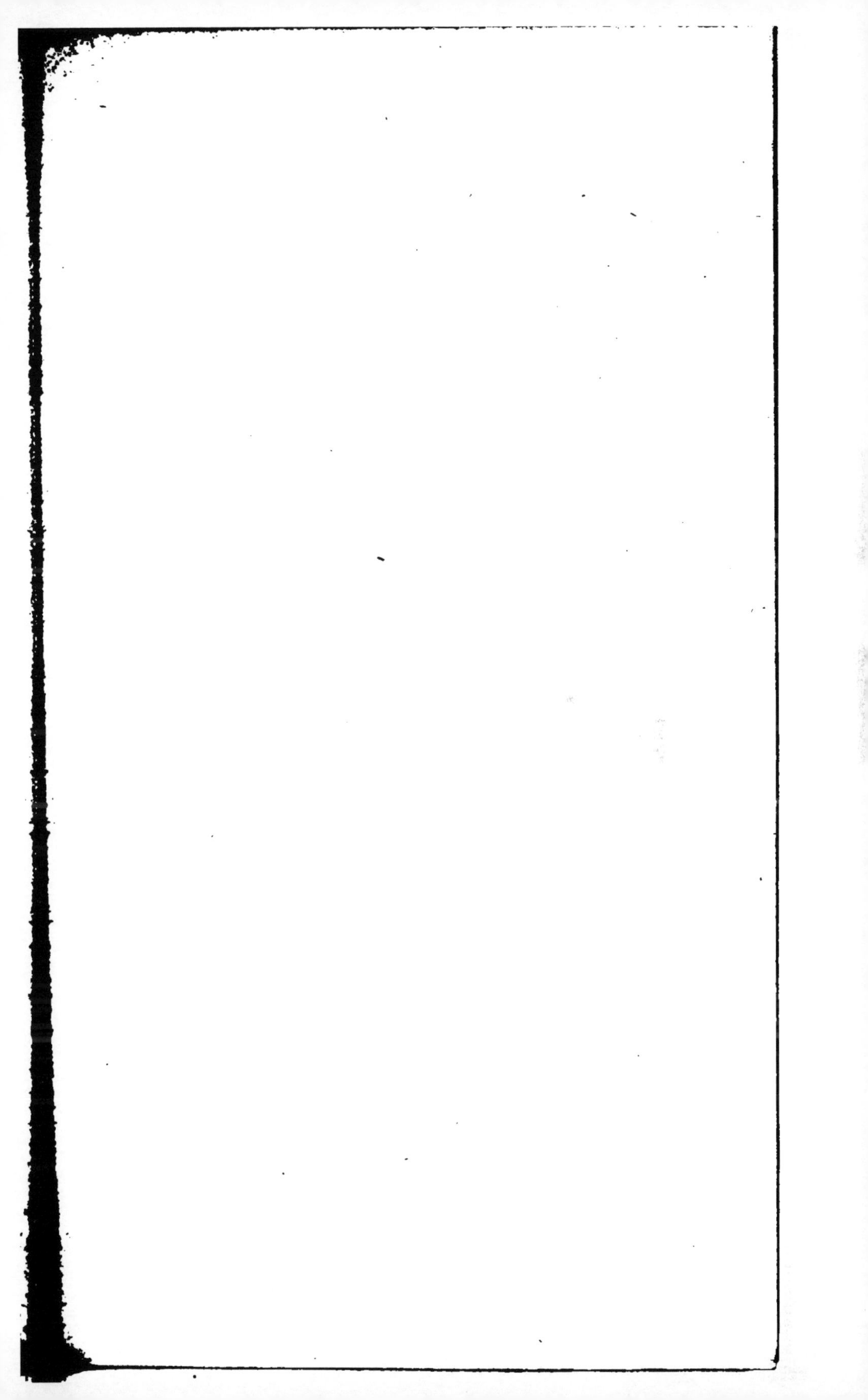

Turpin pinx.t et direx.t Melle Coignet sculp.

SAXIFRAGE granulée.

SAXIFRAGA granulata. (*Lin.*)

(*Grand. nat.*)

1. *Calice étamines et pistil.* 2. *Etamine.* 3. *Pistil.* 4. *Fruit accompagné de son calice et de ses étamines.* 5. *Id. coupé horizontalement.* 6. *Graines (Gross. nat.)* 7. *Graine grossie.* 8. *Id. coupée en travers.* 9. *Id. dans sa longueur.* a. *Embryon.* 10. *Racine* a. *Feuille radicale* b. *Id. Caulinaire.*

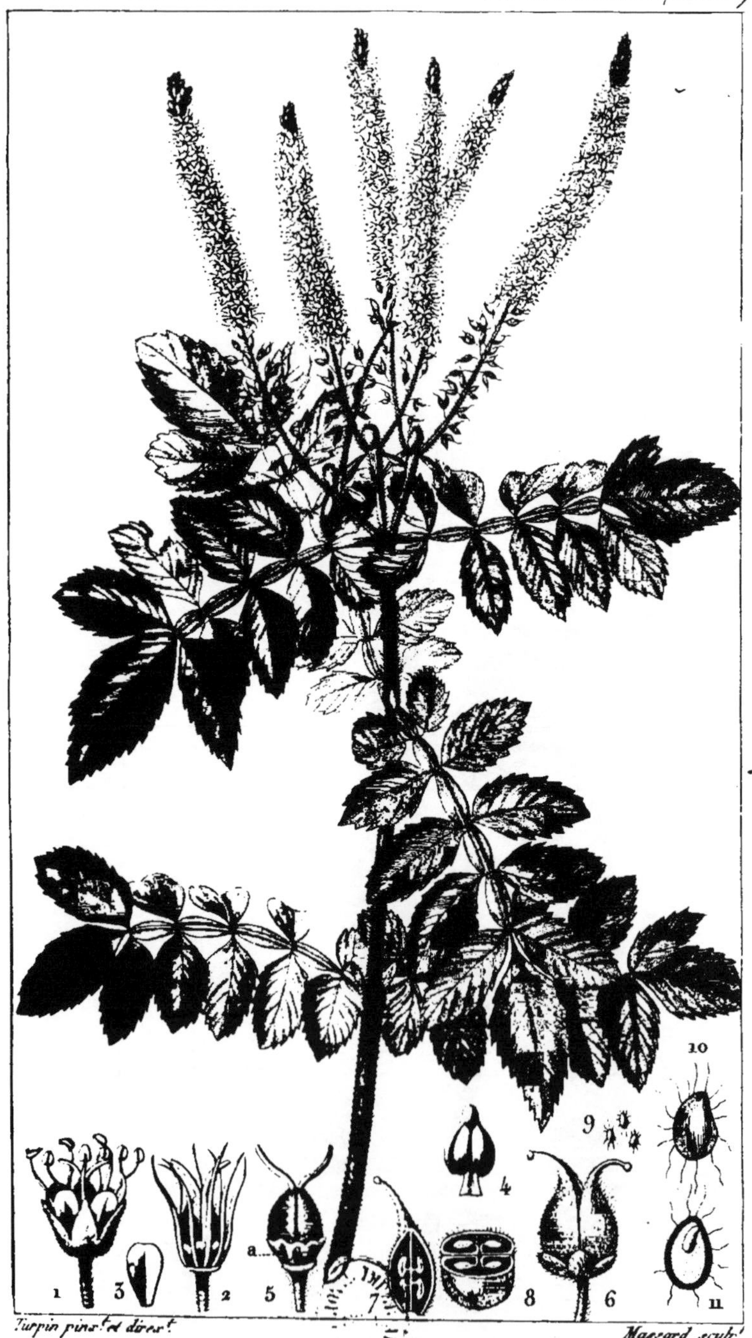

Turpin pinx.t et direx.t *Massard sculp.t*

WEINMANNE pubescente.

WEINMANNIA pubescens. *(Kunth in Humb.)*

(1/2 Grand. nat.)

1. *Fleur entière.* 2. *Pistil et étamines dépourvues de leurs anthères.* 3. *Pétale.* 4. *Une anthère avec une portion du filet.* 5. *Pistil.* a. *Phycostème.* 6. *Fruit.* 7. *l'Une des moitié du précédent.* 8. *Fruit coupé horizont.t* 9. *Graines de gross. nat.* 10. *Graine grossie.* 11. *Id. coupée vertic.t*

Turpin pinx.t et direx.t *Sophie Plée sculp.t*

FOTHERGIL à feuilles d'Aune.

FOTHERGILLA alnifolia. *(Lin.)*

(grand. nat.)

A. Rameau en fleurs. B. Id. en feuilles et en fruits. 1. Fleur entière. 2. Id. sur laqu'elle on a laissé qu'une étamine. a. Feuille rudimentaire. 3. Fleur coupée pour faire voir que les ovules sont pendans. 4. Une anthère. 5. Fruit. 6. Id. coupé.

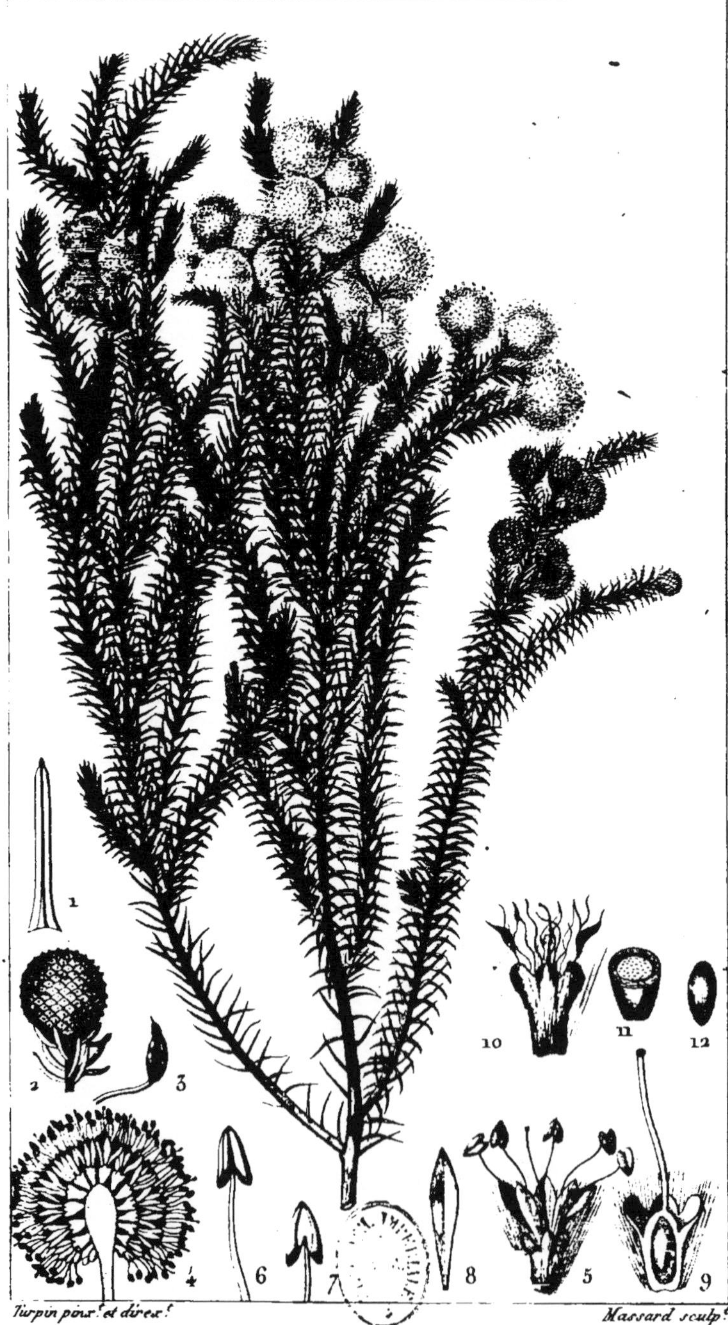

Turpin pinx.t et direx.t *Massard sculp.t*

BRUNIE à feuilles sétacées.

BRUNIA lanuginosa. *(Lin.)*

(grand. nat.)

1. Feuille. 2. Capitule de fleurs, avant l'anthèse. 3. Feuille florale. 4. Un capitule coupé verticalem.t 5. Fleur isolée. 6 et 7. Etamines. 8. Pétale. 9. Pistil coupé verticalem.t 10. Fruit avec calice, corolle et étamines persistantes. 11. Fruit coupé horizontalem.t 12. Graine.

JOUBARBE de montagne.

SEMPERVIVUM montanum. *(Lin.)*

(Grand. nat.)

1. *Calice.* 2. *Corolle et étamines.* 3. *Une étamine.* 4. *Pistils.* 5. *Fruits.* 6. *Fruit isolé.* 7. *Id. coupé verticalem.t* 8. *Graine.* 9. *Id. coupée horizontalem.t* 10. *Id. coupée verticalem.t* 11. *Bourgeons ou embryons-fixes, axillaires pédiculés, reproductifs.*

Turpin fils pinx. *Plée sculp.*

COTYLET à fleurs disposées en cime.

COTYLEDON cymosa. *(DC.)*

(½ Grand nat.)

1. *Fleur entière de gross. nat.* 2. *Calice et pistils.* 3. *Corolle ouverte pour faire voir les étamines.* 4. *Pistils.* a. *Phycostème composé de 5 écailles.* 5. *Fruit composé de 5 capsules.* a. *Phycostème persistant.* 6. *Capsule isolée.* 7. *Graines.* 8. *Graine grossie.*

Turpin pinx.t et direx.t *Massard sculp.t*

CACTIER à cochenilles.

CACTUS cochenillifer. *(Lin.)*

(1/2 Grand. nat.)

Turpin pinx.t et direx.t *M.e Joyeau sculp.t*

CACTIER élégant.

CACTUS speciosus. *(Bonp. pl. rar. Mal.)*

(½ grand. nat.)

1. *Fleur coupée verticalement.* 2. *Etamine.*

Turpin pinx.t et direx.t *Massard sculp.t*

CIERGE triangulaire.

CACTUS triangularis. *(Lin.)*

(1/2 Grand. nat.)

1. Etamine. 2. Style et stigmate. 3. Fruit réduit au tiers de sa grosseur nat. 4. Id. coupé horizontalement. 5. Graine grossie.

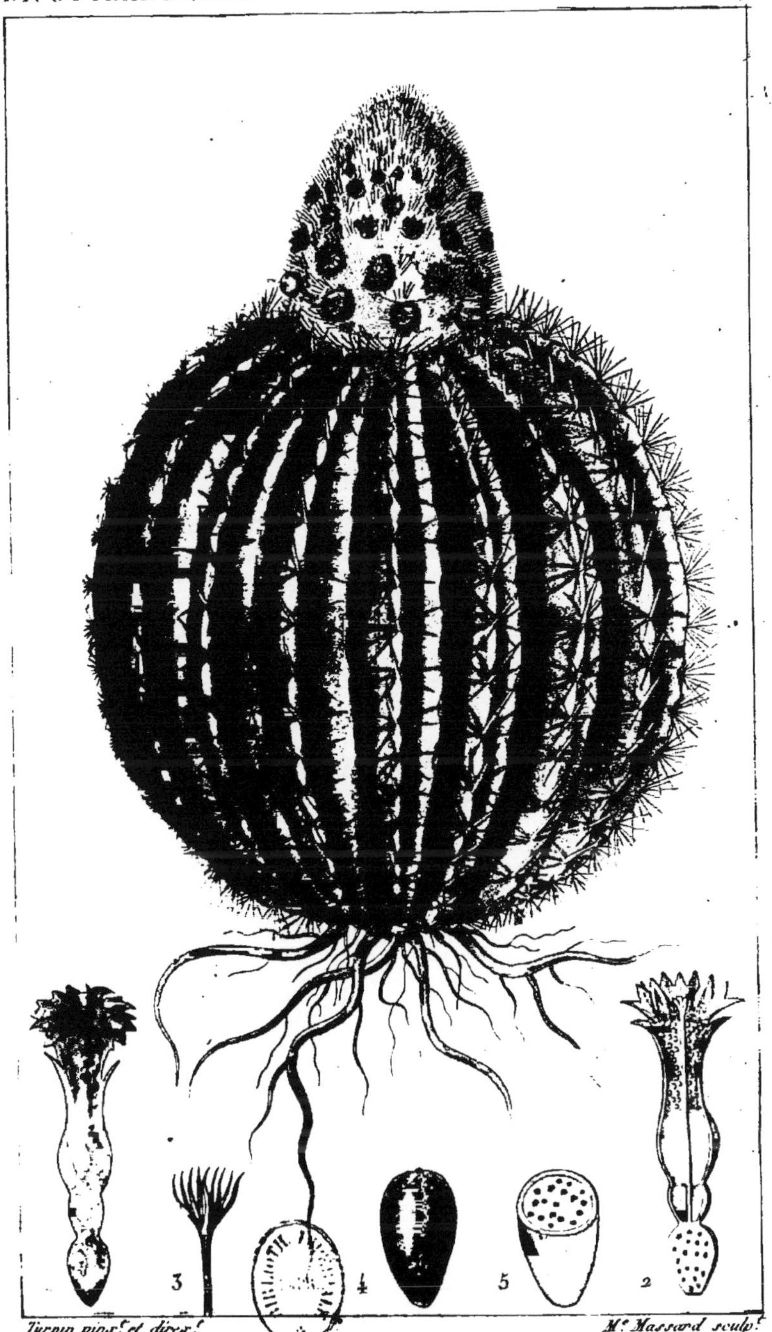

Turpin pinx.t et direx.t *M.e Massard sculp.t*

CACTIER en forme de melon.

CACTUS melocactus. *(Lin.)*

(1/4 gross. nat.)

1. *Fleur entière.* 2. *Id. coupée verticalement.* 3. *Stigmates.* 4. *Fruit.* 5. *Id. coupé horizontalement. Toutes ces figures sont de grandeur naturelle.*

Turpin pinx.t et direx.t Forestier sculp.t

BIBLIOTH. UNIVERS.

GROSEILLER piquant.

RIBES uva-crispa.

(Grand. nat.)

1. Fleurs. 2. Calice et corolle ouverte pour faire voir l'insertion des 5 étamines. 3. Pistil. 4. Fruit coupé horizont.t 5. Id. coupé vertical.t 6. Graine arillée. 7. Id. dépouillée de son arille. 8. Id. coupée pour faire voir l'embryon. 9. Embryon.

Turpin pinx.t et direx.t *Massard sculp.t*

BIBLIOTH. IMPERIA

MOMORDIQUE balsamine.

MOMORDICA balsamina. *(Lin.)*

(1/2 Grand. nat.)

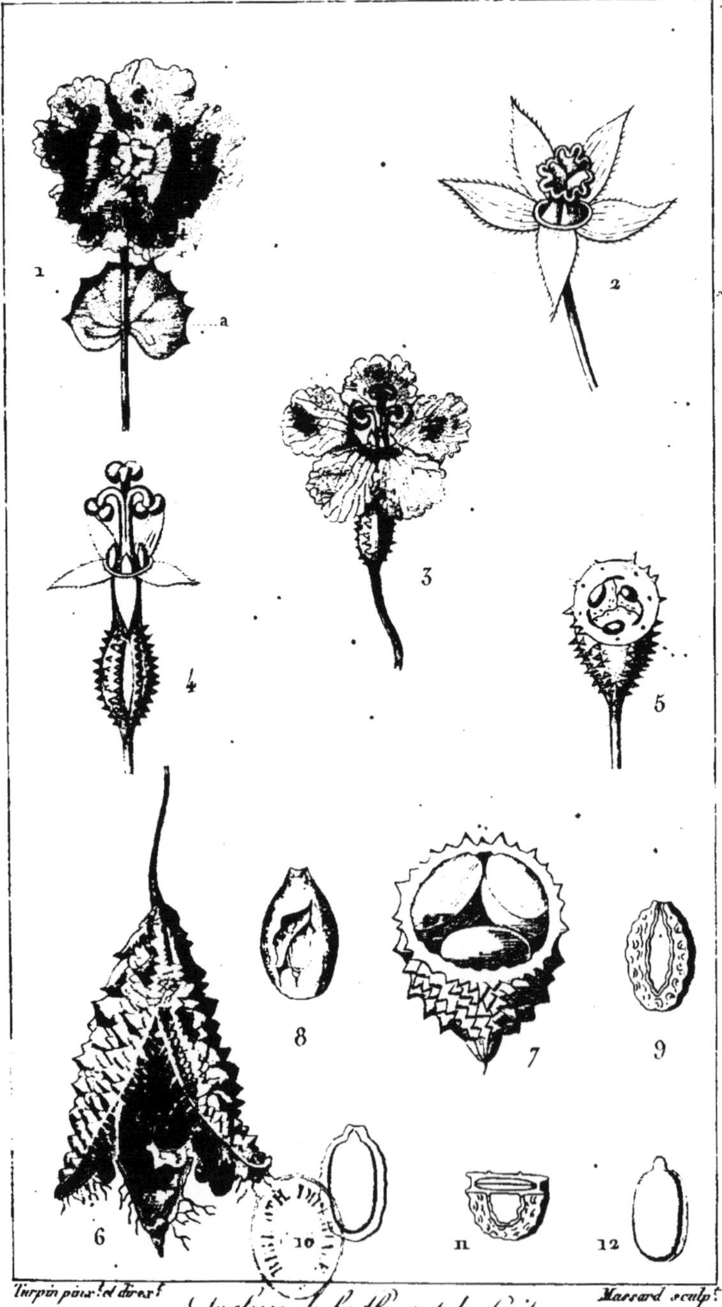

Turpin pinx.t et direx.t *Massard sculp.t*

Analyse de la fleur et du fruit.

MOMORDIQUE balsamine.

1. Fleur stérile. a. Feuille rudimentaire bractéiforme. 2. La même fleur dont on a arraché les pétales. 3. Fleur fertile. 4. Id. dépouillée de sa corolle. 5. Ovaire coupé horizont.ment 6. Fruit dont le péricarpe est ouvert par contraction. 7. Id. coupé horizontalem.t 8. Graine pourvue de son arille. 9. Id. dépouillée de son arille. 10. Id. coupée verticalement. 11. Id. coupée horizontalem.t 12. Embryon isolé.

Turpin pinx. et direx. *Torquati sculp.*

NANDIROBE à feuilles de lierre.

FEVILLEA hederacea. *(Poir.)*

(1/2 Grand. nat.)

1. Fleur stérile. (Grand. nat.) 2. Id. vue en dessous. 3. Etamines. 4. Une étamine isolée. 5. Id. vue par le dos. 6. Fleur fertile. 7. Id. dont on a détaché les pétales. 8. Ovaire coupé horizontalement. 9. Coupe verticale d'une fleur fertile dépourvue de ses pétales. Tous ces détails appartiennent à une espèce inédite de la collection de Mr de St Hilaire.

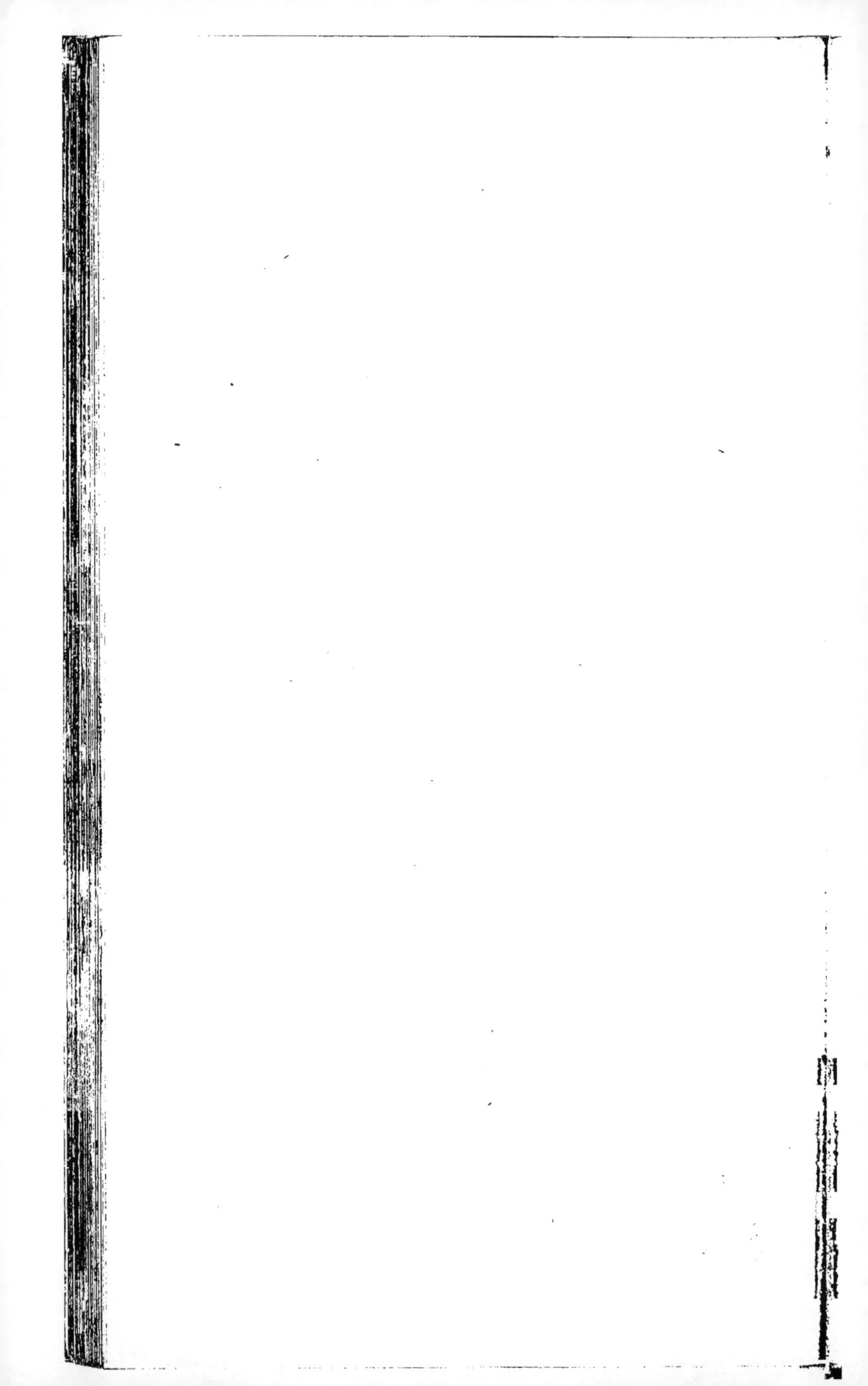

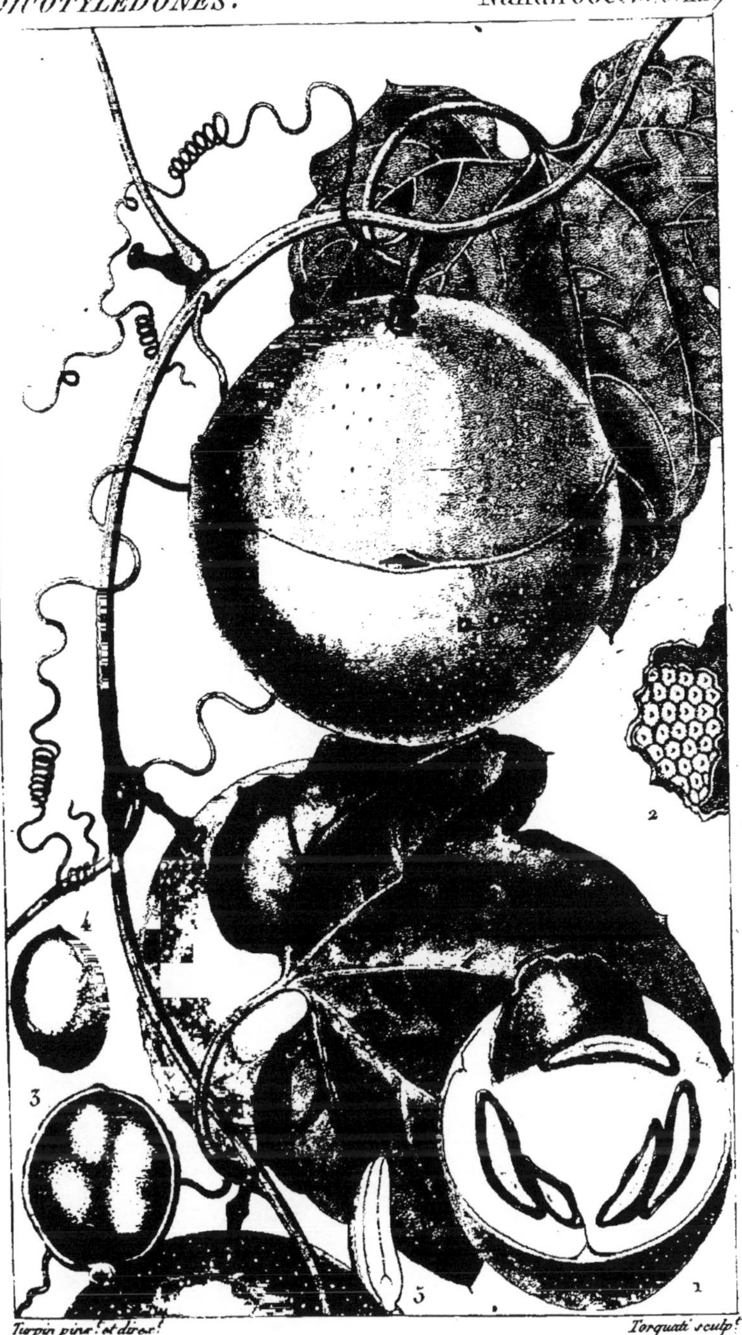

Turpin pinx.t et direx.t *Torquati sculp.t*

NANDIROBE à feuilles de lierre.

FEVILLEA hederacea. *(Poir.)*

(1/2 Grand. nat.)

1. *Fruit coupé horizontalem.t* 2. *Portion de péricarpe afin de faire voir que l'endocarpe est aréolé.* 3. *Graine.* 4. *Embryon.* 5. *Id. coupé verticalement.*

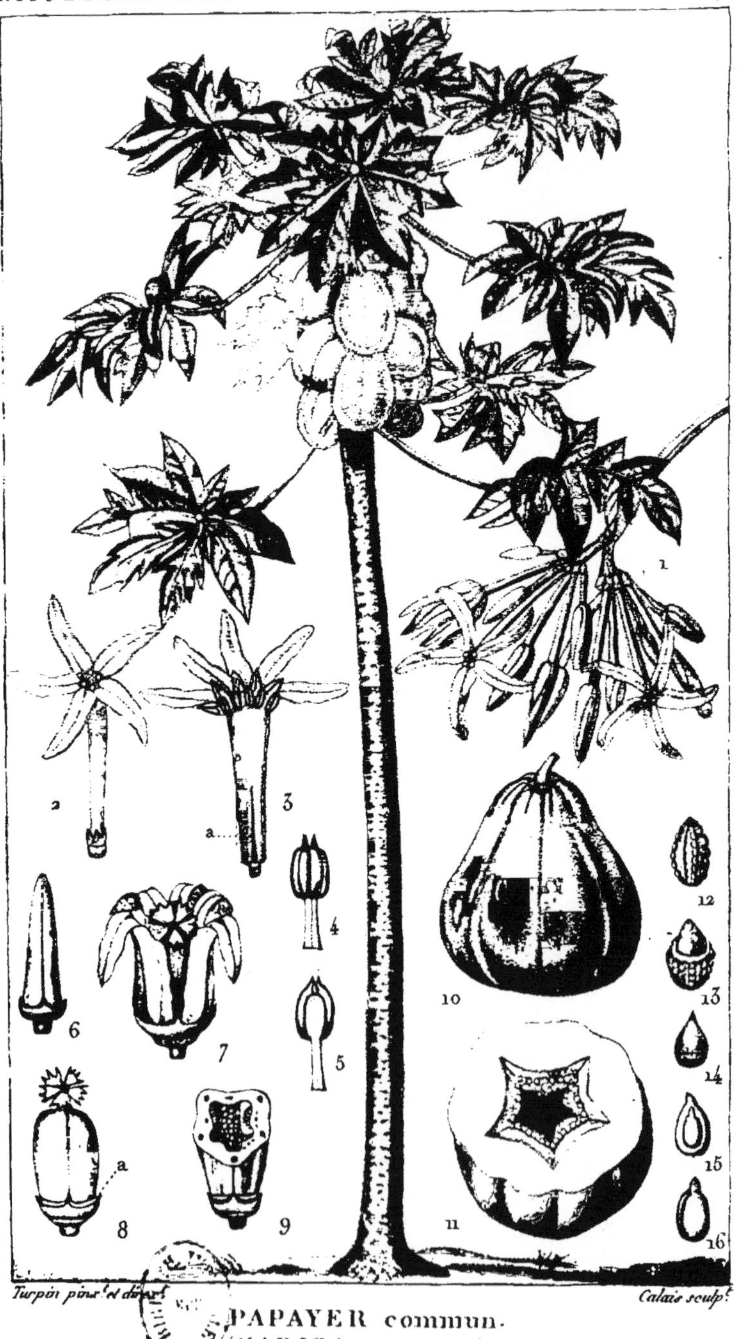

Turpin pinx.t et direx.t *Calais sculp.t*

PAPAYER commun.

CARICA papaya. *(Lin.)*

(30.eme Grand. nat.)

1. Fleurs stériles. 2. Fleur stérile. 3. Id. ouverte pour faire voir les deux rangées d'étamines. a. Pistil avorté. 4 et 5. Etamines vues en deux sens. 6. Fleur fertile avant l'anthèse. 7. Id. épanouie. 8. Calice et pistil. a. Phycostème. 9. Id. coupé. 10. Fruit. 11. Id. coupé. 12. Graine. 13. Id. dont on a enlevée une portion du tégument extérieur. 14. Idem. dépouillée. 15. Id. coupée. 16. Embryon isolé.

Turpin pinx! et direx! *Coignet sculp!*

LOASE à grandes fleurs.

LOASA grandiflora.

(½ Grand. nat.)

1. *Une cinquième partie du phycostème.* 2. *Id. vue en dessous.* 3. *Etamine.* 4. *Fruit dont on a enlevé quatre folioles du calice persistant.* 5. *Id. coupé horizontalement.* 6. *Graine, grossie.* 7. *Id. coupée horizontalem!* 8. *Id. coupée verticalem!* 9. *Embryon.*

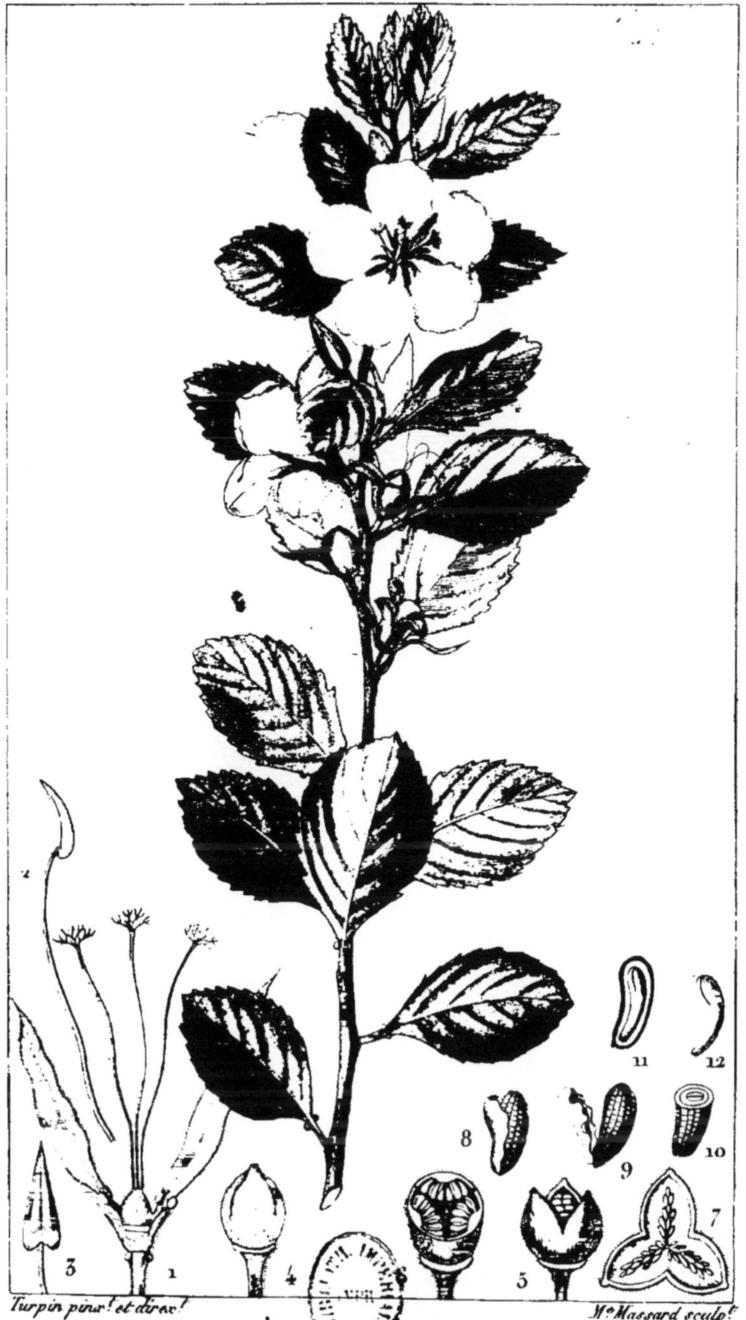

Turpin pinx.t et direx.t *M.e Massard sculp.t*

BIBLIOTH. IMPERIALE

TURNÈRE à feuilles d'Orme.

***TURNERA* ulmifolia.** *(Lin.)*

(1/2 grand. nat.)

1. *Pistil accompagné de ses deux feuilles florales, biglandulées.* 2 *et* 3. *Etamines.* 4. *Fruit.* 5. *Id. péricarpe ouvert.* 6. *Id. coupé horizontalement.* 7. *Id. très ouvert et dépourvu de ses graines.* 8 *et* 9. *Graines munies de leur arille.* 10 *et* 11. *Graines coupées en différens sens.* 12. *Embryon.*

Turpin pinx.t et direx.t *Victor sculp.t*

GRENADILLE quadrangulaire.

PASSIFLORA quadrangularis. (*Lin.*)

(*½ Grand. nat.*)

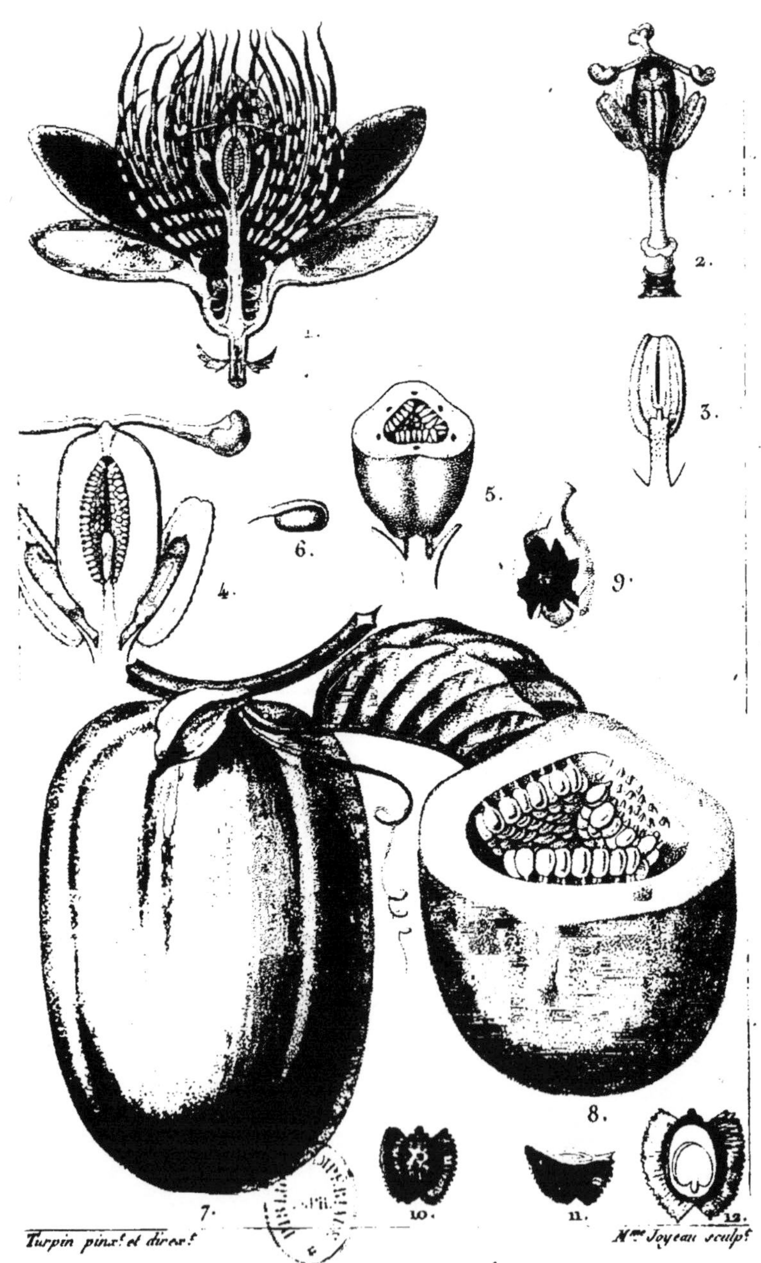

Turpin pinx.t et direx.t *M.me Joyeau sculp.t*

GRENADILLE ailée.

PASSIFLORA alata. *(H.K.)*

1. *Coupe verticale d'une fleur.* 2. *Pistil et étamines.* 3. *Etamine grossie.* 4. *Coupe verticale d'un pistil accompagné de deux étamines.* 5. *Coupe horizont.le d'un ovaire.* 6. *Ovule (les figures suivantes appartiennent à la* passiflora *quadrangularis)* 7. *Fruit (½ Grand. nat.)* 8. *Id. Coupé.* 9. *Graine enveloppée d'une partie de son arille.* 10. *Graine.* 11. *Id. Coupée.* 12. *Id. Coupée pour faire voir l'embryon.*

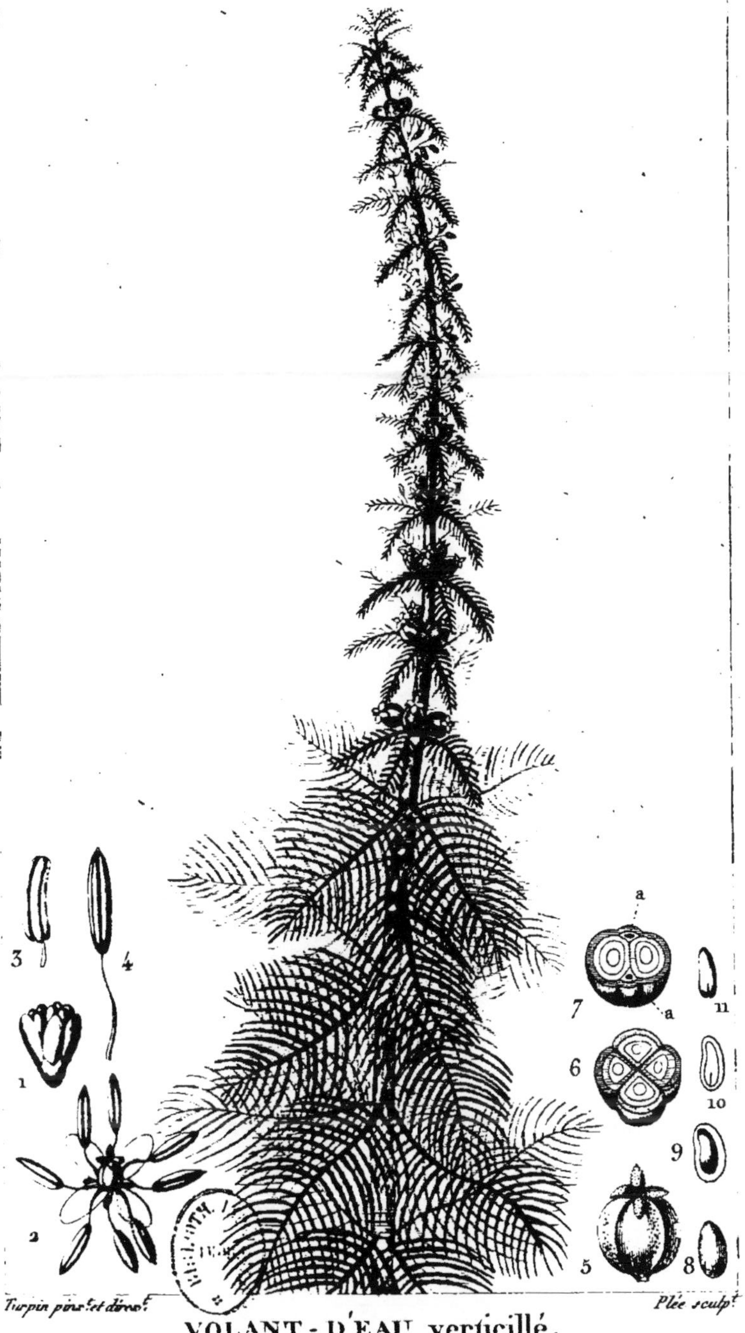

Turpin pinx.t et direx.t *Plée sculp.t*

VOLANT-D'EAU verticillé.

MYRIOPHYLLUM verticillatum. *(Lin.)*

(Grand. nat.)

1. Fleur commençant à s'épanouir. 2. Id. ouverte. 3 et 4. Etamines à divers dégrés de développement. 5. Fruits. 6. Id. coupés horizontalement. 7. Id. a a. Loges et graines avortées. 8. Graine. 9. Id. coupée verticalement. 10. Id. pour faire voir la situation de l'embryon. 11. Embryon. (Toutes les fleurs sont fertiles.)

BOTANIQUE:

DICOTYLÉDONES. Onagraires. (*Juss.*)

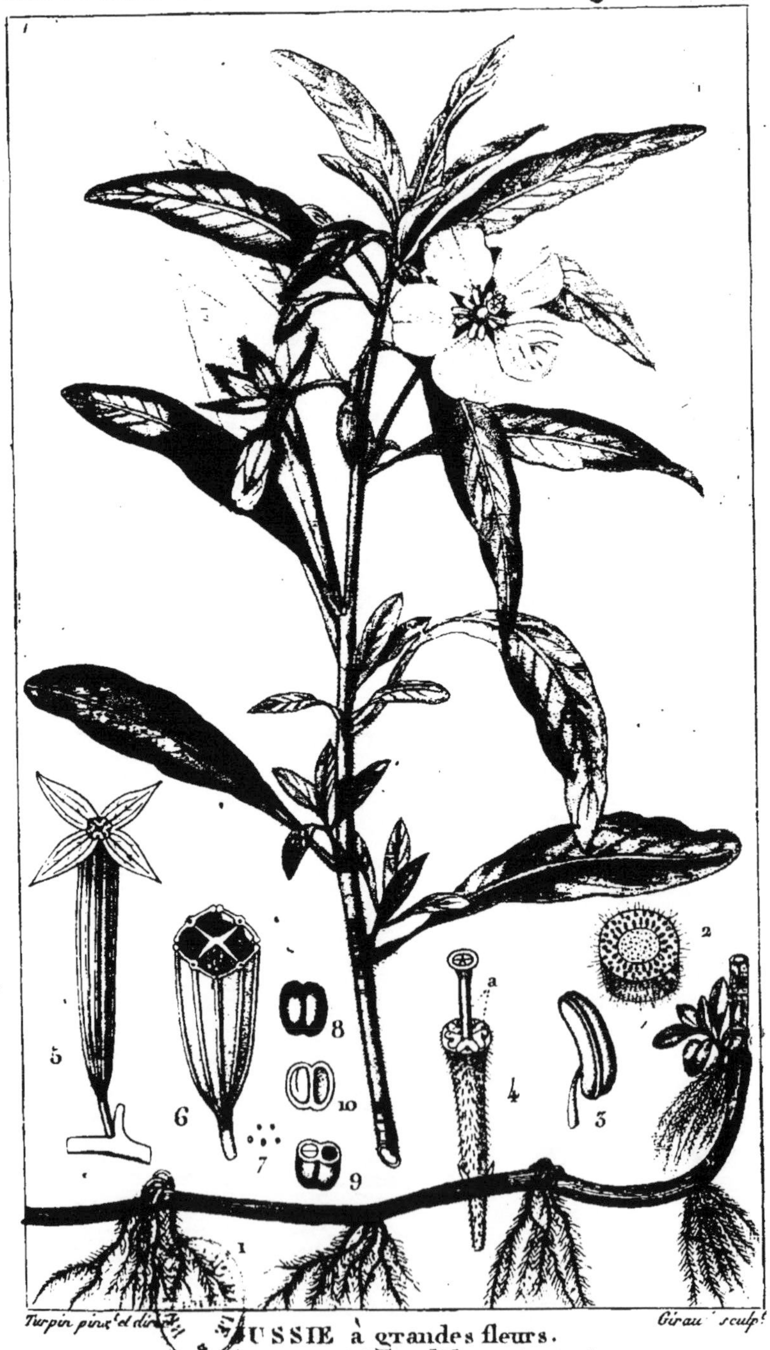

Turpin pinx.t et dir. *Girau sculp.t*

JUSSIE à grandes fleurs.

JUSSIÆA grandiflora. (*Michaux.*)

(*2/3. Grand. nat.*)

1. *Tige devenue horizontale et poussant, de chacun de ses nœuds-vitaux des racines supplémentaires.* 2. *Tronçon de tige.* 3. *Etamine.* 4. *Pistil.* a. phycostème (*Turp.*) 5. *Fruit.* (*Gross. nat.*) 6. *Id. Coupé transversal.t grossi.* 7. *Graines.* (*Gross. nat.*) 8. *Id. grossie.* 9. *Id. Coupé horizont.t pour faire voir qu'elle est* biloculaire *et que l'embryon avorté dans l'une des loges.* 10. *Id. coupée dans sa longueur.* (*Les six dernières Fig. appartiennent à la Jussiæa octovalvis.*)

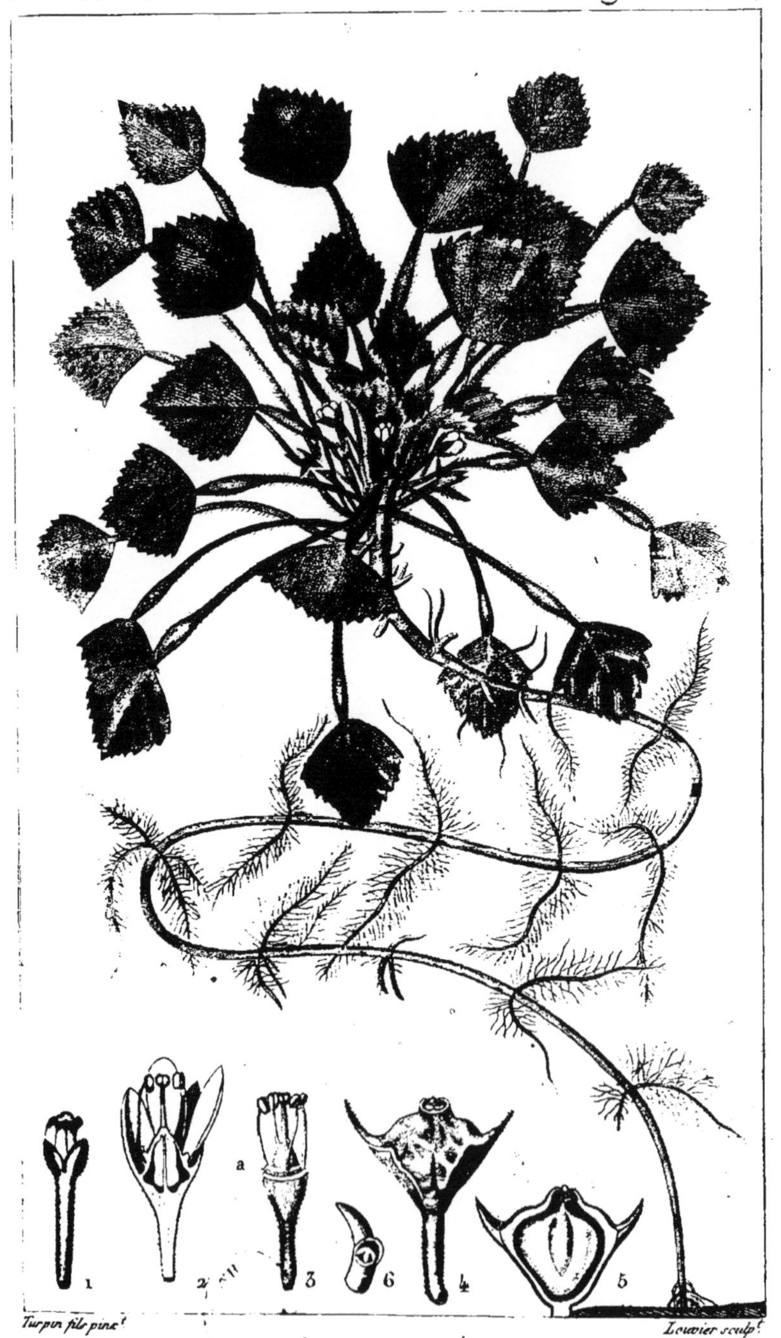

Turpin fils pinx.t Louvier sculp.t

MÂCRE flottante.

TRAPA natans. (Lin.)

(1/3 de Grand. nat.)

1. Fleur. 2. Id. coupée dans sa longueur. 3. Pistil et étamines. a. Lobes du phycostème 4. Fruit. 5. Id. coupé verticalement. 6. Embryon.

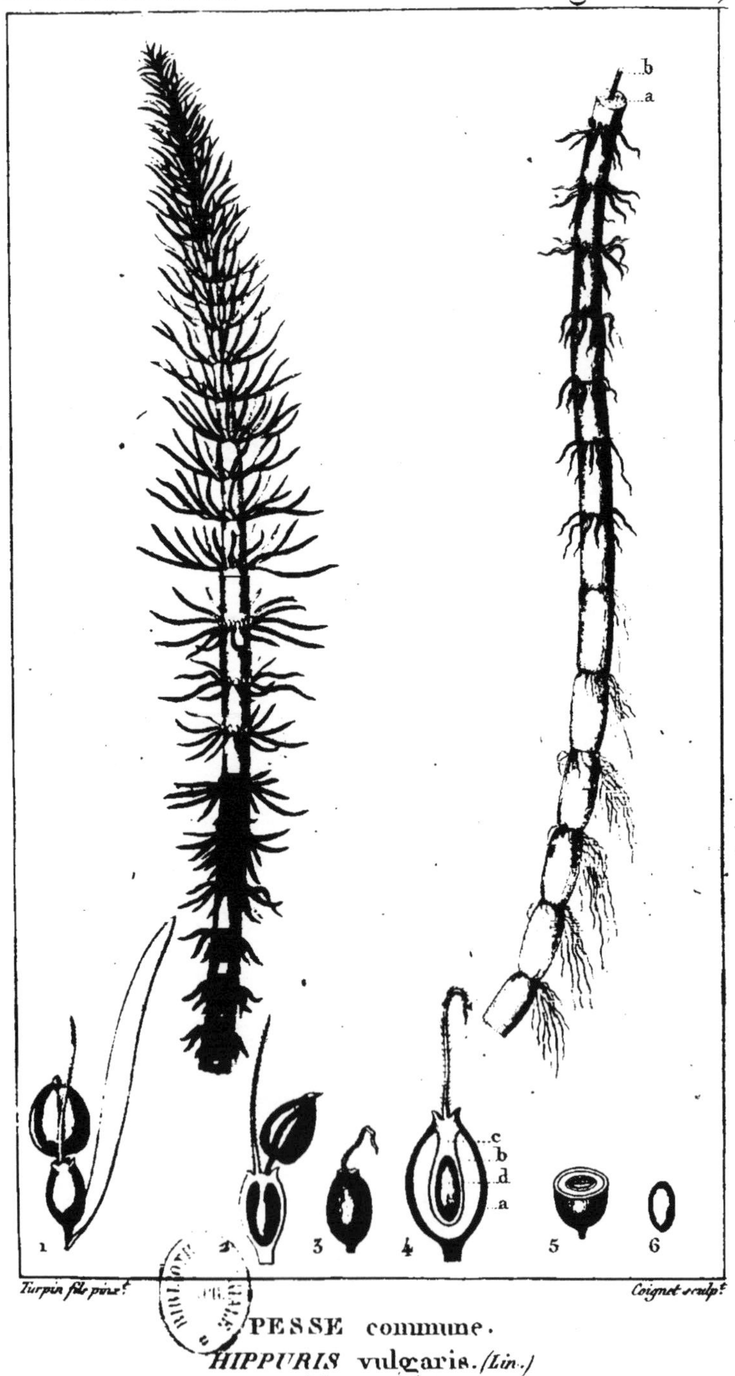

Turpin fils pinx.t *Coignet sculp.t*

BIBLIOTHÈQUE

PESSE commune.

HIPPURIS vulgaris. *(Lin.)*

(½ Grand. nat.)

1. *Fleur entière, accompagnée de la feuille à laisselle de laquelle elle est née.* 2. *Id. dont on a coupé une partie de l'ovaire pour faire voir que l'ovule est pendant.* 3. *Fruit.* 4. *Id. coupé verticalement.* 5. *Id. coupé horizontalement.* 6. *Graine.*

Turpin pinx.t et direx.t *Schmelz sculp.t*

CHIGOMIER à fleurs rouges.

COMBRETUM coccineum. *(Encyclop.)*

(1/2 Grand. nat.)

1. Fleur entière, grossie. 2. Id. ouverte pour faire voir l'insertion des huit étamines. 3. Calice et pistil. 4. Etamine. 5. Fruit. 6. Id. coupé horizontalem.t 7. Graine. 8. Embryon. (Les Fig. 5, 6, 7 et 8 appartiennent au Combretum laxum.)

BIBLIOTH. IMPÉRIALE

Turpin pinx.t et direx.t *Victor sculp.t*

GIROFLIER aromatique.

CARYOPHYLLUS aromaticus. *(Lin.)*

(1/2 Grand. nat.)

1. *Une fleur non épanouie, telle qu'elle se trouve dans le commerce sous le nom de Clou de Girofle.*

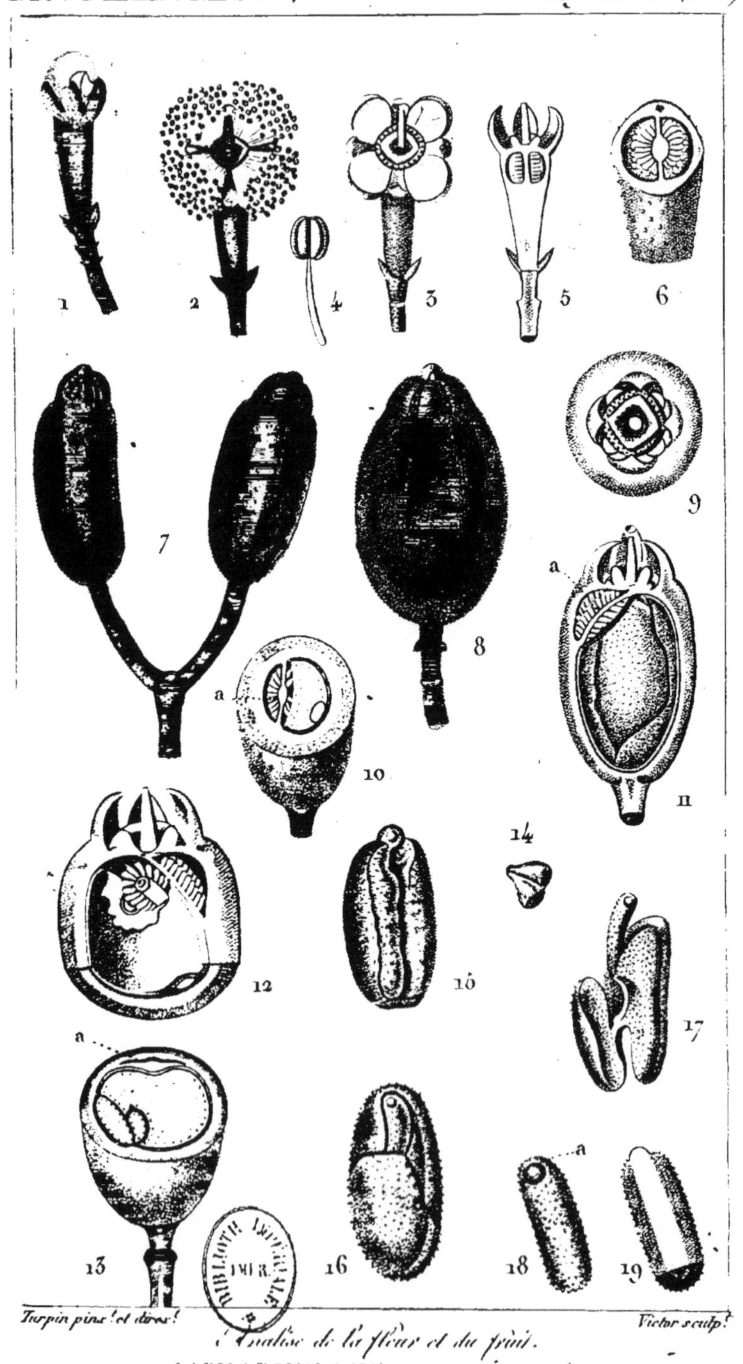

BIBLIOTH. IMPÉRIALE
IMP. R.

Turpin pinx.t et direx.t *Victor sculp.t*

Analise de la fleur et du fruit.

CARYOPHYLLUS aromaticus. *(Lin.)*

1. *Fleur non épanouie.* 2. *Id. ouverte* 3. *Id. dépourvue de ses étam.nes* 4. *Étamine.* 5. *Coupe vertic.le d'un pistil* 6. *Coupe horizont.le d'un ovaire.* 7. *Deux fruits avant la maturité.* 8. *Fruit mûr.* 9. *Sommet d'un fruit.* 10. *Fruit coupé horizont.ent* a. *Loge et ovules avortés.* 11. *Id. coupé vertic.ent* a. *Loge et ovules avortés.* 12. *Portion de péricarpe.* 13. *Fruit coupé horizontalement.* a. *Loge avortée.* 14. *Ovules avortés.* 15 et 16. *Embryons.* 17. *Idem, dont on a écarté les feuilles cotylées.* 18. *Radicule.* a. *Coléorhize.* 19. *Id. coupée.*

DICOTYLÉDONES. Myrtinées. *(Juss.)*

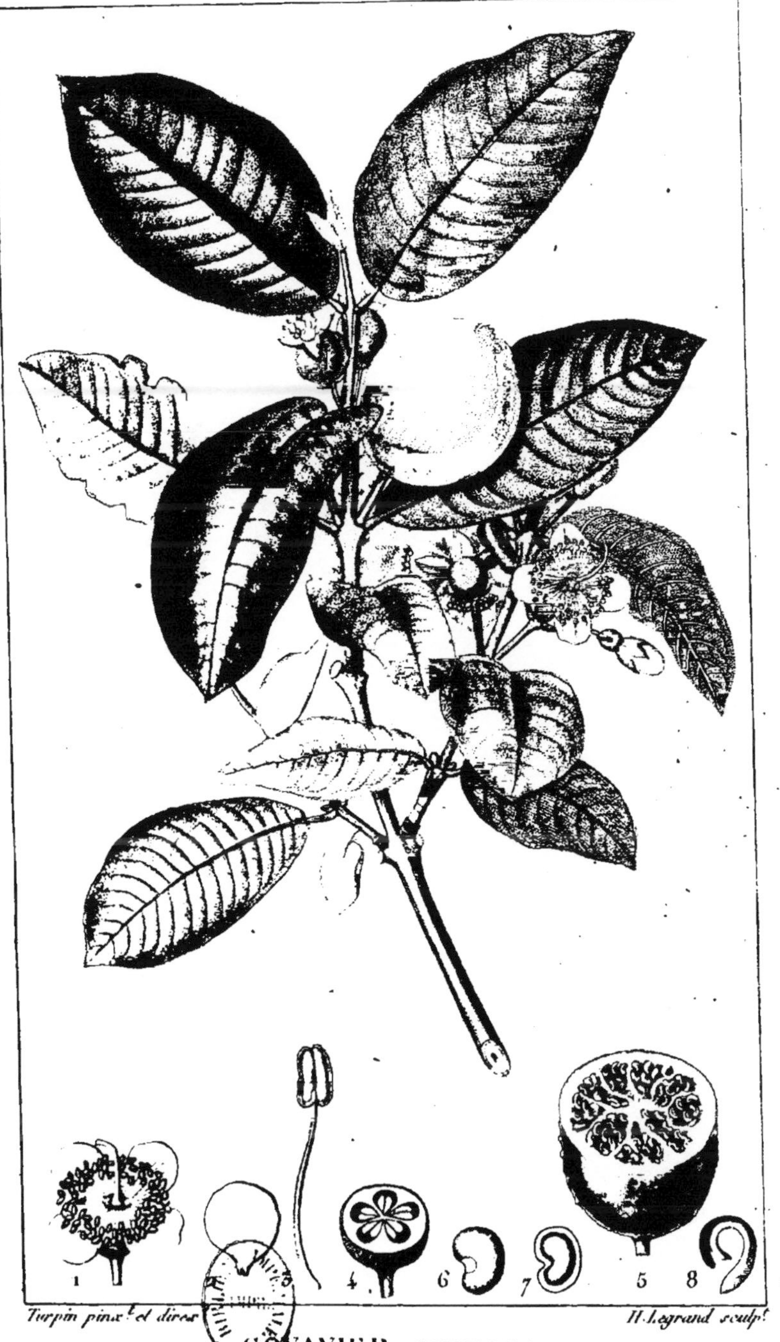

Turpin pinx.t et direx. *H. Legrand sculp.t*

GOYAVIER sauvage.

PSIDIUM pomiferum. *(Lin.)*

(½ grand. nat.)

1. *Fleur entière.* 2. *Pétale.* 3. *Étamine.* 4. *Coupe horizontale d'un ovaire.* 5. *Coupe horizontale d'un fruit.* 6. *Graine.* 7. *Id. coupée verticalement.* 8. *Embryon.*

Turpin pinx.t et direx.t *Massard sculp.t*

TRISTAN à feuilles de Laurier-rose.

TRISTANIA neriifolia. *(Bonp. P. r. M.)*

(1/2 grand. nat.)

1. *Fleur entière à quatre pétales.* 2. *Id. coupée verticalem.t* 3. *Pétale.* 4. *Etamines vues en différens sens.* 5. *Style et stigmate.* 6. *Fruit coupé horizontalement.*

Turpin pinx.t et direx.t *Massard sculp.t*

BIBLIOTH. IMPERIALE

MÉTROSIDEROS glauque.

METROSIDEROS glauca. *(Bonp. P. r. M.)*

(½ grand. nat.)

1. *Fleur entière, grand. nat.* 2. *Id. coupée verticalem.t* 3. *Pétale.* 4. *Quelques étamines, soudées par leurs bases.* 5. *Fruit coupé horizontalement.*

Turpin pinx^t et direx^t. Dien sculp^t.

COUROUPITA de la Guiane. (Boulet de canon.)

COUROUPITA Guianensis. (Aubl.)

Lecythis bracteata. (Will.)

(1/3 de Grand. nat.)

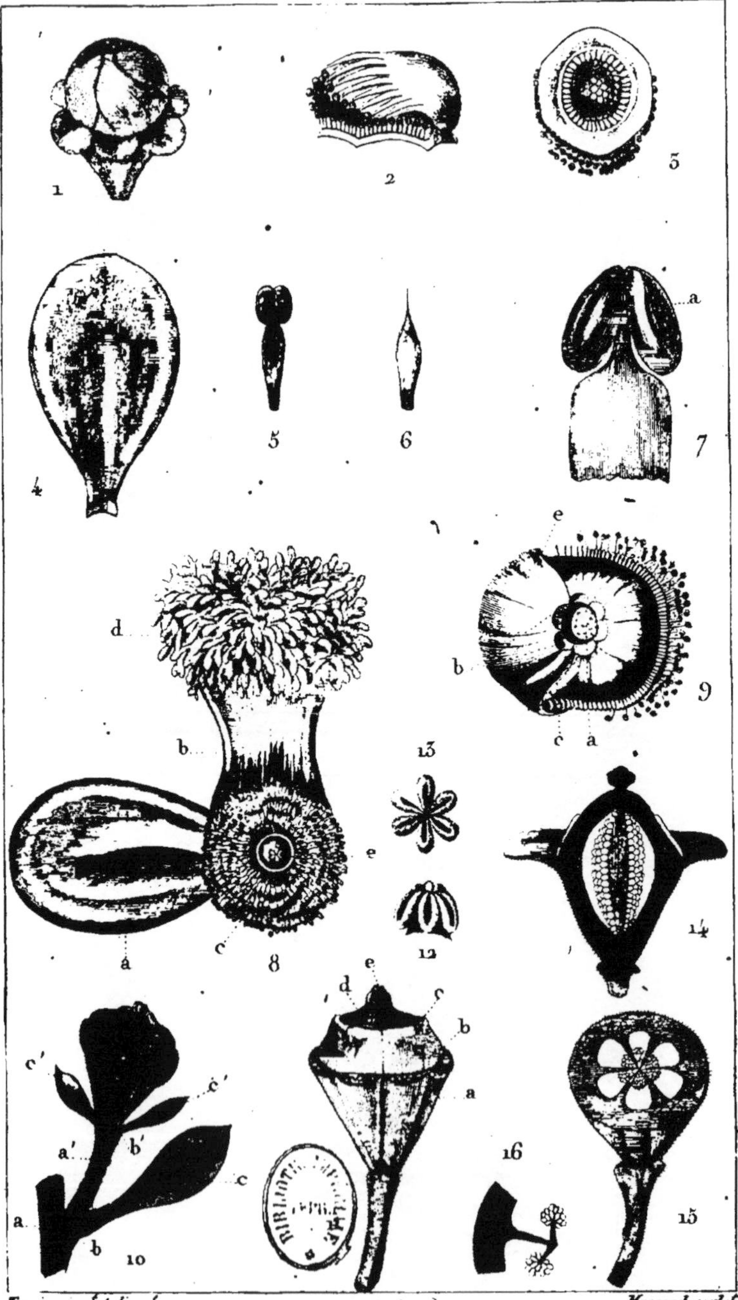

Turpin pinx.t et direx.t *Massard sculp.t*

Analyse de la fleur.

COUROUPITA de la Guiane.

COUROUPITA Guianensis. *(Aubl.)*

1. *Bouton de fleur.* 2. *Corps staminifère.* 3. *Id. vu en dessous.* 4. *Pétale.* 5. *Etamine rudimentaire.* 6. *La même dépourvue de son anthère.* 7. *Etamine développée.* 8. *Corps staminifère d'une fleur développée.* 9. *Id. vu en dessous.* 10. *Pistil.* 11. *Id. dont on a enlevé les six folioles du calice.* 12. *Stigmate.* 13. *Id. vu en plan.* 14. *Coupe verticale d'un ovaire.* 15. *Id. coupé horizontalem.t* 16. *Portion d'un ovaire portant un trophosperme chargé d'ovules.*

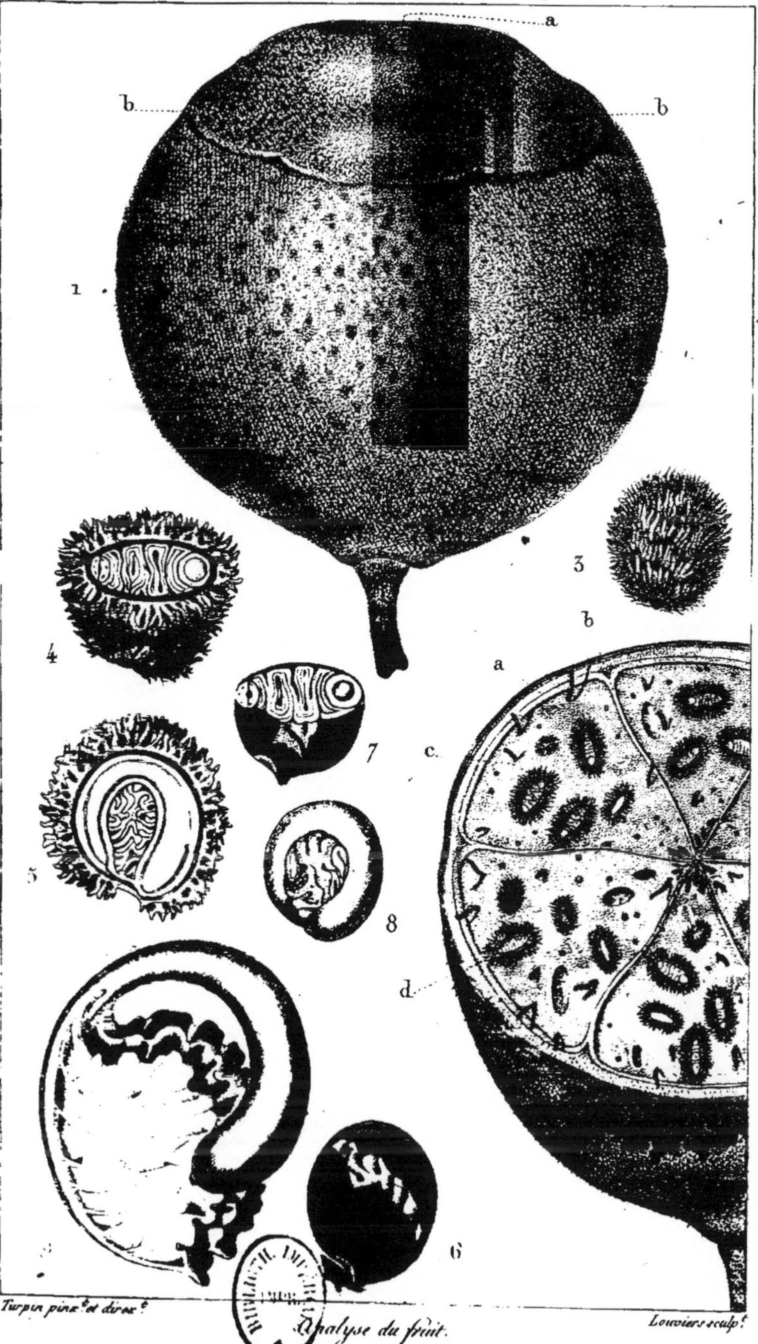

Turpin pinxt. et dirext. *Louviers sculpt.*

Analyse du fruit.

BIBLIOTH. IMP.

COUROUPITA de la Guiane.

COUROUPITA Guianensis.

1. *Fruit entier.* 2. *Id. coupé horizontalement.* 3. *Graine.* 4. *Id. coupée transversalement.* 5. *Idem coupée verticalement.* 6. *Id. depouillée de son enveloppe extérieure.* 7. *Id. coupée horizontment.* 8. *Embryon.* 9. *Id. développé et grossi.*

Turpin pinx.t et direx.t *M.e Joyeau sculp.t*

BIBLIOTH. IMPÉRIALE

MÉLASTOME thé.

MELASTOMA theæzans. *(Humb. et Bonpl.)*

(½ Grand. nat.)

1. *Fleur entière.* 2. *Coupe verticale d'un calice pour faire voir le Pistil.* a. *Phycostème soudé avec le calice, les étamines et les pétales.* 3. *Calice et pistil.* 4. *Fruit grossi* 5. *Id. coupe horizontale.* 6. *Graine.* 7. *Embryon.*

Turpin pinx.t et direx.t *Mlle Le Roy sculp.t*

BIBLIOTH. IMPERIALE

RHEXIE à grandes fleurs.

***RHEXIA* speciosa.** *(½ grand. nat.)*

1. Calice inférieur. a. Prolongements dorsaux, analogues aux arêtes des feuilles florales des graminées. 2. Coupe verticale d'une fleur, pour faire voir le pistil, l'insertion des pétales et des étamines. 3. Coupe d'un calice persistant, dans lequel on voit le fruit. a. Phycostème soudé avec le calice. 4. Coupe d'un fruit. 5. Graine de gros. naturelle. 6. Graine grossie. 7. Id. coupé verticalement. 8. Embryon isolé.

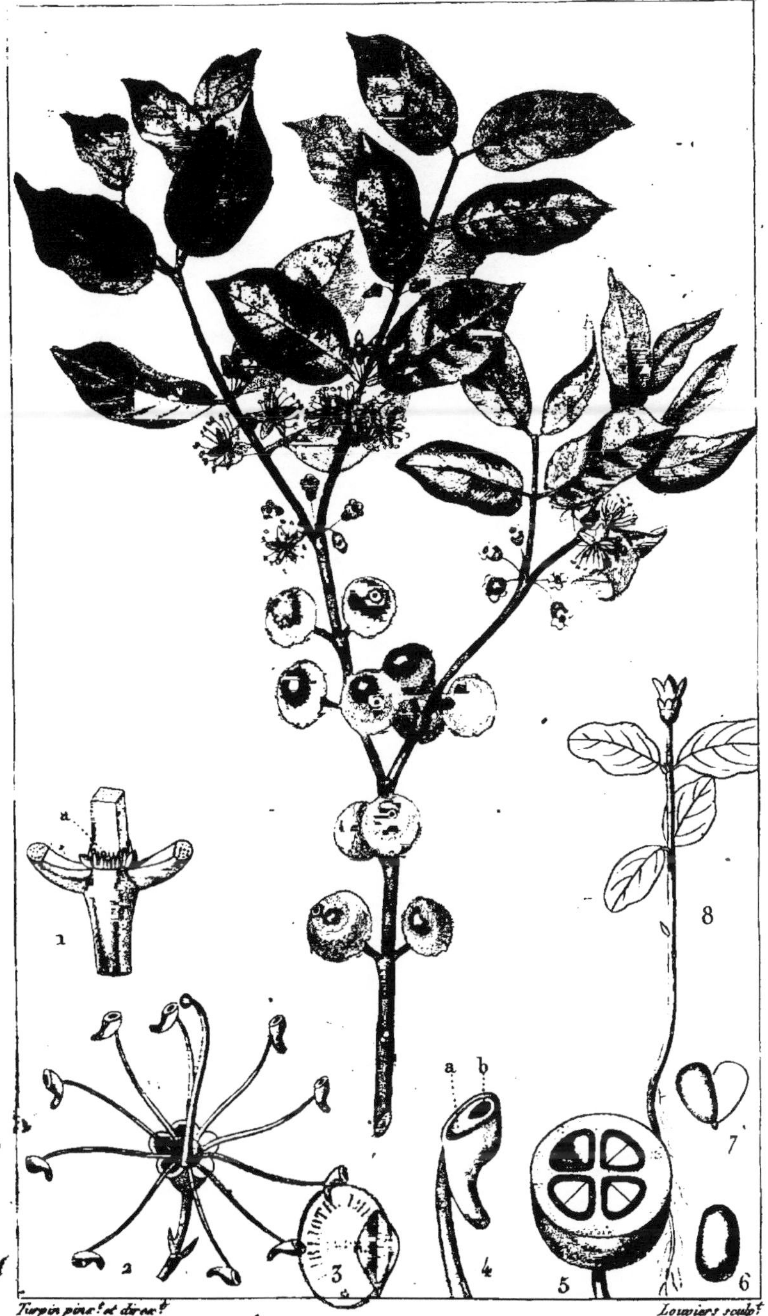

Turpin pinx.t et direx.t *Louviers sculp.t*

PÉTALOME mouriri.

PETALOMA muriri. *(Swartz)* Mouriria *Guianensis. (Aubl.)*

(1/3 Grand. nat.)

1. Tronçon d'une jeune tige sur laquelle on remarque en a un anneau stipulaire, frangé. 2. Fleur grossie dont on a enlevé la corolle. 3. Pétale. 4. Etamine grossie, anthère uniloculaire. a. Sorte d'opercule. b. Ouverture par laquelle s'échappent les utricules polliniques. 5. Coupe horizont.le d'un fruit. 6. Graine. 7. Embryon dont on a écarté les feuilles cotylédonaires. 8. Germination remarquable en ce qu'elle se termine par une fleur.

BOTANIQUE.

DICOTYLÉDONES. Salicaires. *(Juss.)*

Turpin pinx.t et dir.t *Massard sculp.t*

SALICAIRE effilée.

LYTHRUM virgatum. *(Lin.)*

(Grand. nat.)

1. Fleur non épanouie. 2. Fleur entière, grossie. 3. Pistil, étamines et calice. 4. Étamine. 5. Fruit accompagné du calice persistant. 6. Fruit dépouillé de son calice. 7. Id. commençant à s'ouvrir. 8. Id. coupé horizontalement. 9. Graine. 10. Id. coupée en travers. 11. Id. coupée dans sa longueur pour faire voir que l'emb.on est situé au milieu d'un endosp.me.

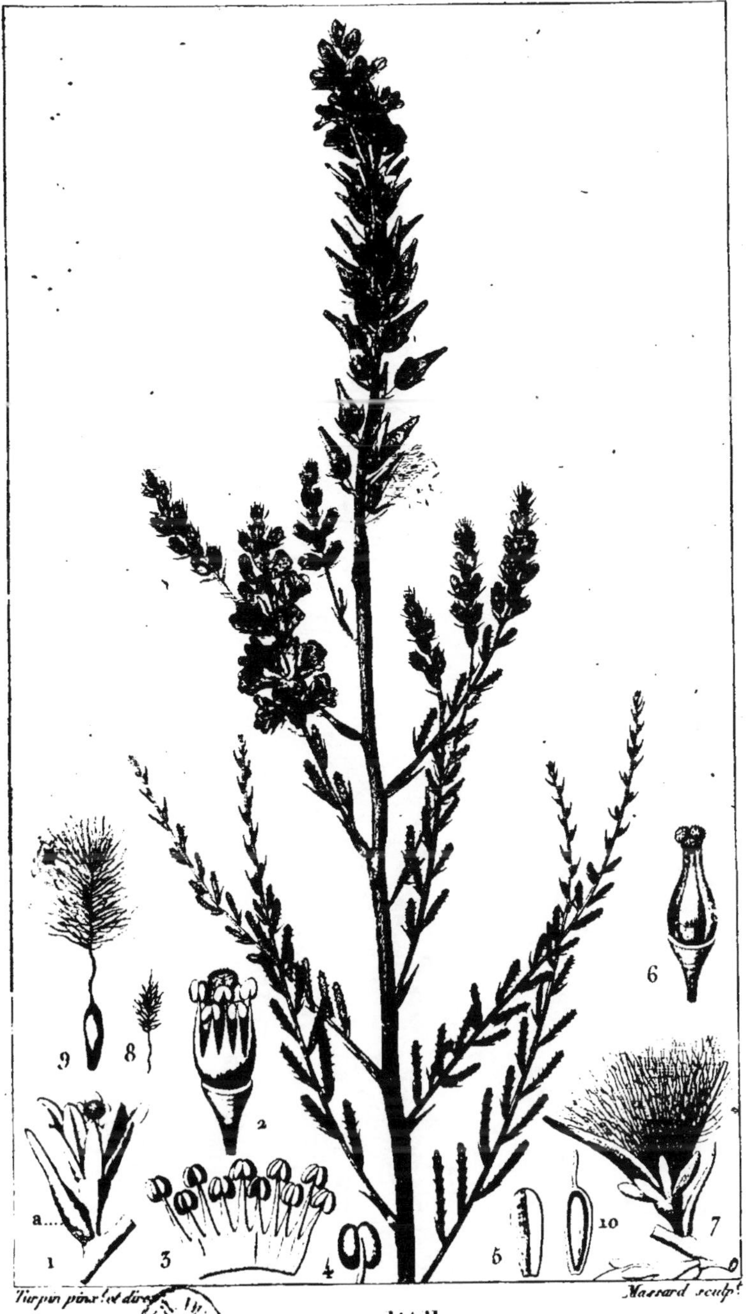

Turpin pinx.t et direx.t *Massard sculp.t*

BIBLIOTH.

TAMARIX d'Allemagne.

TAMARIX germanica. *(Lin.)*

(Grand. nat.)

1. Fleur entière. a Feuille rudimentaire à l'aisselle de laquelle est né le rameau-fleur. 2 Étamines et pistil. 3. Étamines soudées par leurs bases. 4. Anthère grossie. 5 Pétale. 6. Pistil. 7. Fruit dont le péricarpe est ouvert. 8. Graine aigrettée. 9 Id. gr.ie 10 Id. coup.ée vertic.nt

Turpin pinx.t et direx.t *M.e Massard sculp.t*

CHIMONANTHE odorant.

CHIMONANTHUS fragrans. *Calycanthus præcox. Lin.*

(2/3 Grand. nat.)

1. Fleur. 2. Pistils et étamines. 3. Coupe verticale d'une fleur, moins les pétales. a. Pistils. 4 et 5. Etamines vues en différens sens. 6. Pistil. 7. Fruits recouverts par le calice persistant et accrescent. a. Quelques divisions supérieures du calice, durcies. 8. Coupe verticale de la fig. précédente. a. Péricarpes. b. Id. avortés. 9. Péricarpe isolé. 10. Id. coupé. 11. Graine. 12.

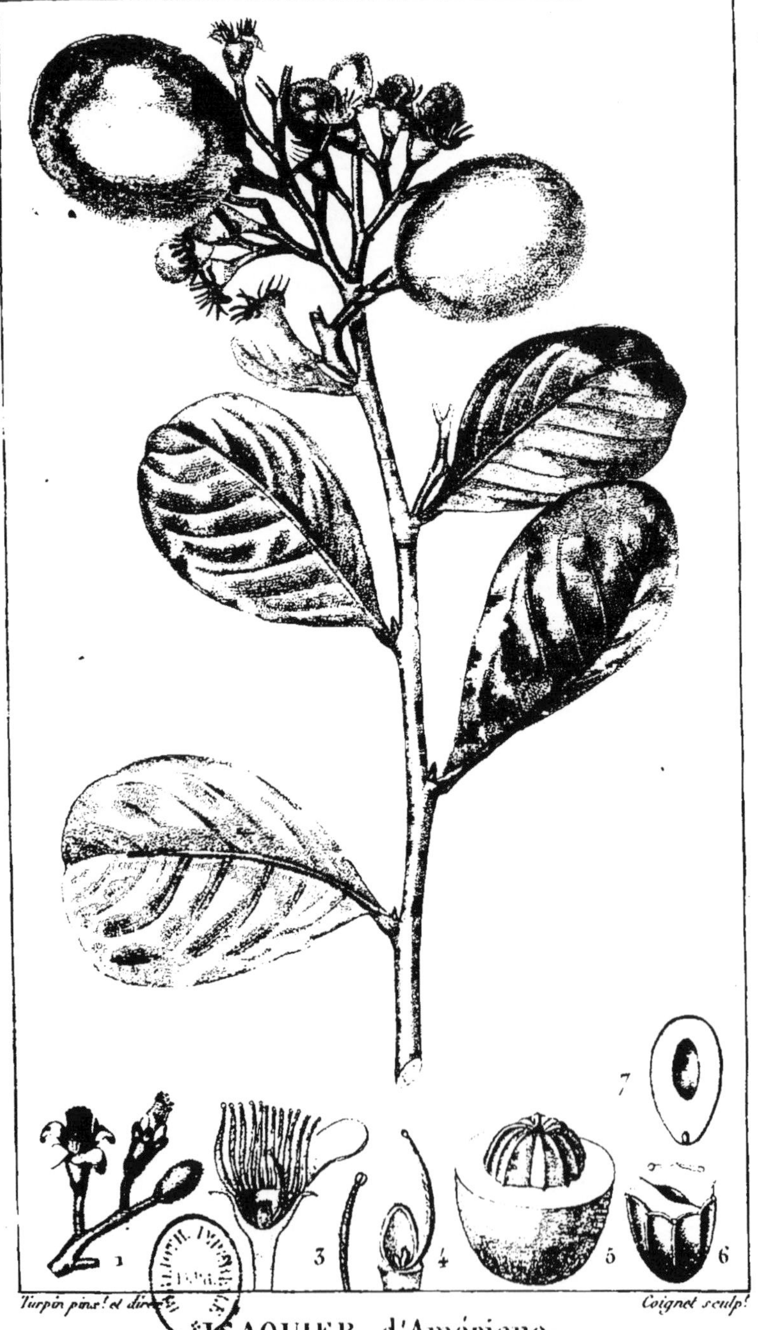

Turpin pinx! et direx! *Coignet sculp!*

BIBLIOTH. IMPÉRIALE

ICAQUIER d'Amérique.

CHRYSOBALANUS Icaco. *(Lin.)*

(Grand. nat.)

1. *Quelque fleurs d'âges différents.* 2. *Une fleur coupée vertic.ent* 3. *Etamine.* 4. *Pistil. coupé vertic.ent deux ovules situés à la base de la cavité ovarienne.* 5. *Fruit coupé circulairem!* 6. *Noyau coupé horizont.ent* 7. *Une feuille cotylée ayant à sa base la gemmule.*

Turpin pinx.t et direx.t Victor sculp.t

BIBLIOTHÈQUE IMPÉRIALE

ABRICOTIER.

ARMENIACA vulgaris. (Lam.) var. abricot-pêche.

(Prunus armeniaca. Lin.) (2/3 Grand. nat.)

1. Fleur. 2. Coupe verticale d'une fleur pour faire voir que l'ovaire contient deux ovules. 3. Fleur dont on a enlevé les pétales. 4. Etamine. 5. Id. vue de côté. 6. Coupe horizontale d'un fruit. 7. Un noyeau traversé par une épingle. 8. Embryon.

Turpin pinx.t et direx.t *M.e Massard sculp.t*

SPIRÉE à feuilles argentées.

SPIRÆA argentea. *(Kunth.)*

1. *Fleur avant l'anthèse.* 2. *Id. ouverte.* 3 *et* 4. *Étamines vues en différens sens.* 5. *Un des cinq pistils.* 6. *Id. coupé verticalem.t* 7. *Id. coupé horizontalement.* 8. *Un ovule isolé.* 9. *Fruits.* 10. *Id. coupés horizontalem.t* 11. *Péricarpe ouvert.* 12. *Graine.* 13. *Amande.* 14. *Embryon. Les fig.es* 9, 10, 11, 12, 13 *et* 14. *Appartiennent au* Spiræa opulifolia.

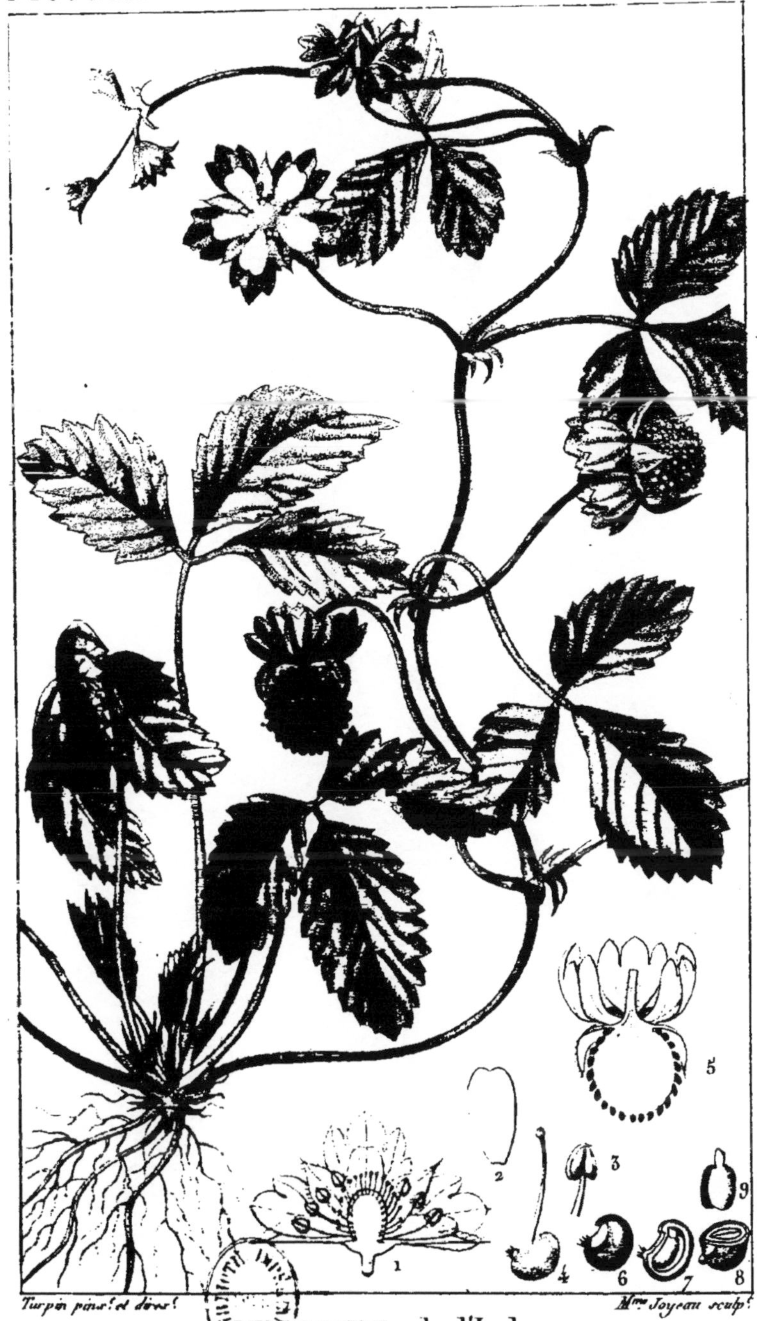

Turpin pinx.t et direx.t *M.me Joyeau sculp.t*

[library stamp]

FRAISIER de l'Inde.

FRAGARIA Indica. *(Andrews.)*

(2/3 Grand. nat.)

1. *Coupe verticale d'une fleur* 2. *Pétale.* 3. *Etamine.* 4. *Pistil.* 5. *Coupe verticale d'un fruit.* 6. *Pericarpe.* 7. *Le même coupé dans sa longueur.* 8. *Idem coupé en travers.* 9. *Embryo.*

Turpin pinx.t et direx.t *M. Joyeau sculp.t*

BIBLIOTH. ... INBR.

SANGUISORBE moyenne.

***SANGUISORBA* media.** *(Lin.)*

(Grand. nat.)

1. *Feuille radicale, au trait.* 2. *Fleur.* 3. *Id. gros.* a. *Bractée.* b. *L'une des deux* écailles *calicinales.* c. tube du calice. 4. *Coupe verticale d'une fleur dans laquelle on voit dans le fond du calice, l'ovaire.* 5. *Calice accru, contenant le péricarpe.* 6. *Le même coupé dans sa longueur.* 7. *Graine.* 8. *Embryon.*

Turpin pinx.t et direx.t *Victor sculp.*

BIBLIOTHÈQUE ROYALE IMPR.

ROSIER des chiens.

ROSA canina *(Lin.)*

(Grand. nat.)

1. *Coupe verticale d'une fleur dont on a enlevé les pétales.* a. *Calice.* b. *Etamines.* c. *Pistils.* 2. *Fruit.* 3. *Coupe vert.le du même dans la quelle on voit en* a. *les péricarpes.* 4. *Péricarpe isolé.* 5. *Coupe horizontale du même.* 6. *Graine.* 7. *Embryon.*

BIBLIOTHÈQUE

POMME d'api.

MALUS apiosa.

(2/3 Grand. nat.)

1. Fleurs. 2. Calice, étamines et pistil. 3. Pétale. 4. Etamine. 5. Id. vue du côté de l'attache du filet. 6. Coupe verticale d'une fleur. 7. Stigmate. 8. Coupe horizontale d'un ovaire. 9. Une loge isolée. 10. Coupe horizontale d'un fruit. 11. Graine. 12. Id. dépouillée d'une partie du tégument extérieur. 13. Id. 14. Embryon.

Turpin fils pinx.t *Talbeau sculp.t*

BIBLIOTH. ... PARIS

NÉFLIER des bois.

MESPILUS Germanica. *(Lin.)*

(½ Grand. nat.)

1. *Fleur entière.* 2. *Coupe verticale d'une autre dont on a enlevé la corolle.* 3. *Fruit dont on a coupé, circulairement, une partie du calice charnu.* 4. *Péricarpe osseux, isolés.* 5. *Le même coupé verticalement.* 6. *Embryon.*

BOTANIQUE.

DICOTYLÉDONES. Homalinées. *(Brown.)*

Turpin pinx.t et direx. *H. Legrand sculp.t*

ACOMAS à grappes.

HOMALIUM racemosum. *(Lin.)*

(1/2 grand. nat.)

1. *Fleur entière, grossie.* 2. *Id. vue par derrière.* 3. *Pétale, et étamines.* 4. *Etamine.* 5. *Pistil.*

Turpin pinx.t et direx.t *Individu en fleurs.* *Louvier sculp.t*

BIBLTH. IMPL.

SAMYDE denticulée.

***SAMYDA* serrulata.** *(Lin.)*

(2/3 Grand. nat.)

1. *Fleur ouverte pour faire voir le pistil et la soudure des étamines en un tube.* 2. *Anthère grossie.* 3. *Coupe horizontale d'un ovaire dans laquelle on distingue que les ovules nombreux, sont pariétaux et attachés sur quatre côtés.*

Turpin pinx.t et direx.t *Individu en fruits.* *Louvière sculp.t*

BIBLIOTHÈQUE

SAMYDE denticulée.

SAMYDA serrulata. *(Lin.)*

(½ Grand. nat.)

1. *Fruit coupé horizontalement.* 2. *Graine grossie, revêtue d'un arille succulent, lacinié.* a. *Ombilic.* 3. *Graine de grosseur naturelle, dépouillée de son arille.* 4. *Id. grossie.* 5. *Id. coupée horizontalement.* 6. *Id. coupée verticalement.* 7. *Embryon.*

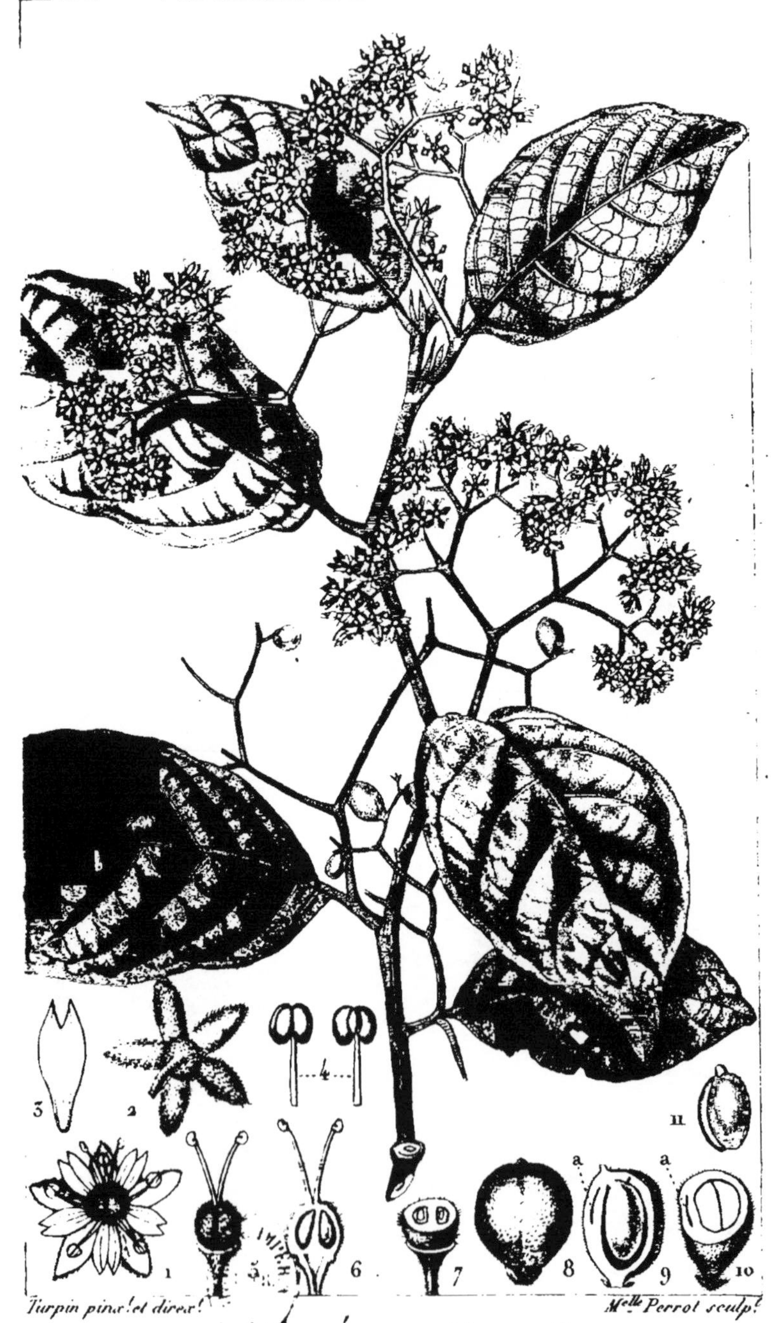

Turpin pinx.t et direx.t *M.elle Perrot sculp.t*

CHAILLÉTIE pédonculée.

CHAILLETIA pedunculata. *(DC.)*

(2/3 grand. nat.)

1. Fleur entière. 2. Calice vu en dessous. 3. Pétale. 4. Etamines vues en sens diffé- ...nts. 5. Pistil. 6. Id. coupé verticalement. 7. Id. coupé en travers. 8. Fruit. 9 et 10. Id. ...upés dans les deux sens. a, a. Loges ablitérées. 11. Embryon.

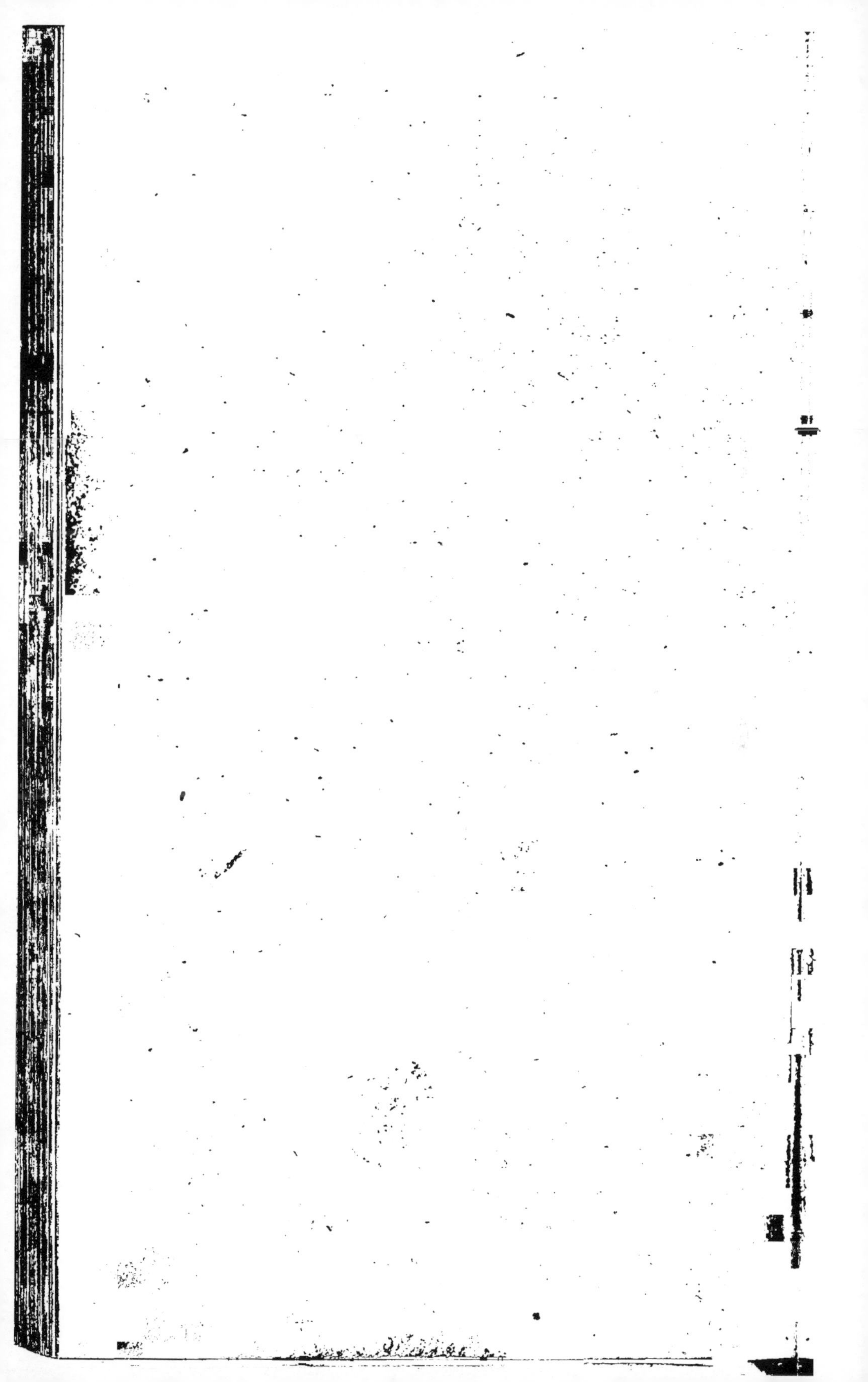

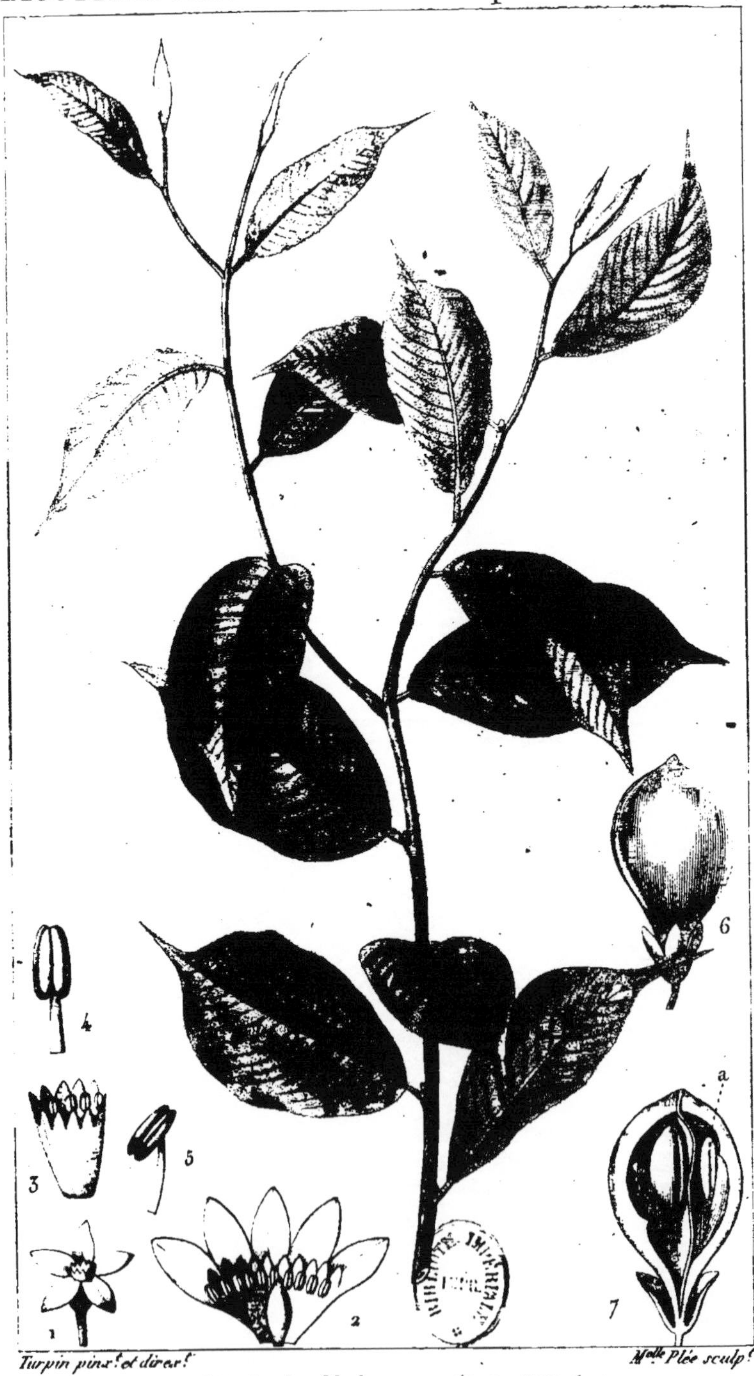

BIBLIOTHÈQUE IMPÉRIALE

Turpin pinx.t et direx.t *M.lle Plée sculp.t*

GARO de Malacca. *(Bois d'Aigle.)*

AQUILARIA Malaccensis. *(Cav. Diss.)*

(1/2 grand. nat.)

1. *Fleur.* 2. *Id. ouverte pour faire voir les lobes du phycostème, les étamines et le pistil.* 3. *Phycostème et étam.*s 4 *et* 5. *Étamines vues en différents sens.* 6. *Fruit accompagné du calice persistant.* 7. *Id. coupé verticalement.* a. *Graine avortée.*

Turpin pinx.t et direx.t *Victor sculp.*

POIS bisaille.

PISUM arvense. *(L.)*

(Grand. nat.)

1. *Calice.* 2. *Corolle détachée.* a. *Etendard.* b. *Ailes.* c. *Carène.* 3. *Pistil et étamines* a. *Etamines.* b. *Etamine isolée.* c. *Pistil.* 4. *Fruit légumineux dont on a enlevé la moitié de l'une des valves afin de faire voir l'attache des graines* 5. *Graine.* a. *Micropyle.* 6. *Embryon.*

BOTANIQUE.

DICOTYLÉDONES. Légumineuses. *(Juss.)*

BIBLIOTH. IMPÉRIALE

Turpin pinx.t et direx.t *Plée sculp.t*

LIANE à réglisse.

ABRUS précatorius. *(Lin.)*

(1/2 Grand. nat.)

1. *Fleur entière.* 2. *Pétales.* 3. *Carène.* 4. *Calice étamines et pistil.* 5. *Calice et pistil.* 6. *Pistil.* 7. *Fruit.* 8. *Graine.* a. *Micropyle.* 9. *Graine coupée en travers.* 10. *Embryon.* a. *Chalaze.* 11. *Embryon vu de côté.*

Turpin pinx.t et direx.t *Plée sculp.t*

POITEA à feuilles de Galega.

POITEA galegoides. *(Vent.)*

(½ Grand. nat.)

1. *Insertion de feuille avec ses deux stipules.* 2. *Calice.* 3. *Pétales.* 4. *Étamines et pistil.* 5. *Pistil.* 6. *Fruit dont on a enlevé une portion de l'une des valves* 7. *Graines.* 8. *Une graine grossie.*

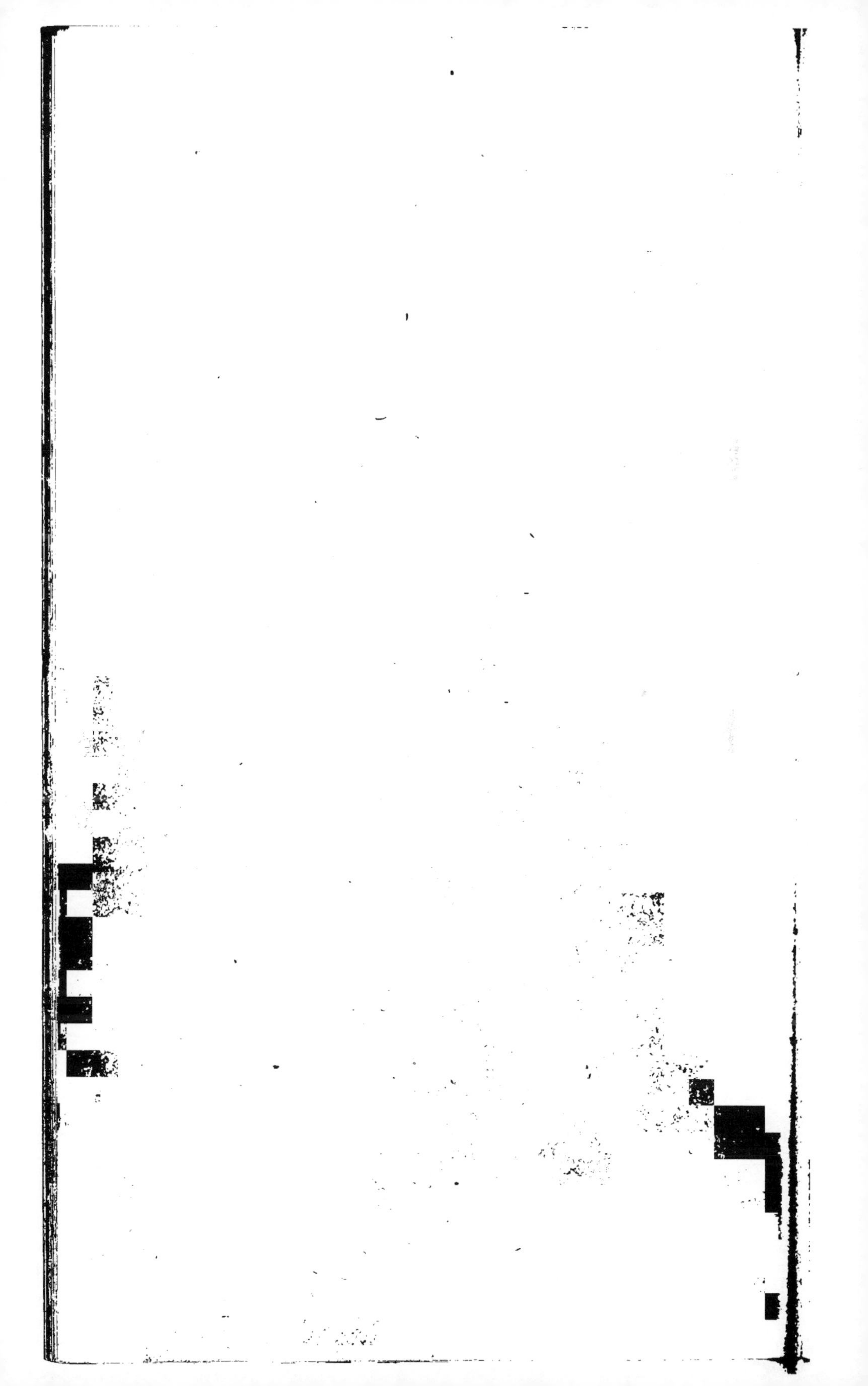

BOTANIQUE.

DICOTYLÉDONES. Légumineuses. *(Juss.)*

Turpin pinx.t et direx.t *Coignet sculp.t*

INDIGOTIER franc.

INDIGOFERA anil. *(Lin.)*

(1/2 Grand. nat.)

1. *Fleur entière, grossie.* 2. *Pistil et étamines.* 3. *Calice.* 4. *Pétales.* 5. *Fruit.* 6. *Id. dont on a enlevé l'une des valves.* 7. *Graine de gross. nat.* 8. *Id. grossie.* 9. *Id.* co[illegible] *verticalement.* 10. *Embryon.*

BIBLIOTH. IMPÉRIALE

Turpin fils pinx. *Massard sculp.*

SOPHORA du Cap.

SOPHORA Capensis *(Lin.)* podalyria. *Capensis. (Willd.)*

(1/3. Grand. nat.)

1. *Calice étamines et pistil.* 2. *Corolle.* a. *Carène.* b. *l'une des ailes.* c. *Etendard.* 3. *Pistil et étamines.* 4. *Fruit.* 5. *Graine.*

Turpin pinx.t et direx.t *Massard sculp.t*

PISTACHE de terre

ARACHIS hypogæa. *(Lin.)*

(2/3 grand. nat.)

a a. *Calice pédicelliforme fendu pour laissé voir le style* b *qui traverse le tube.* c c. *Ovaires s'éloignant des aisselles au moyen d'un stipe qui s'allonge en se courbant vers la terre.* d. *Un ovaire déja plongé dans la terre.* e e. *Ovaires devenus de jeunes fruits.* ff. *Fruits mûrs.*

BOTANIQUE.

DICOTYLÉDONES. Légumineuses. *(Juss.*

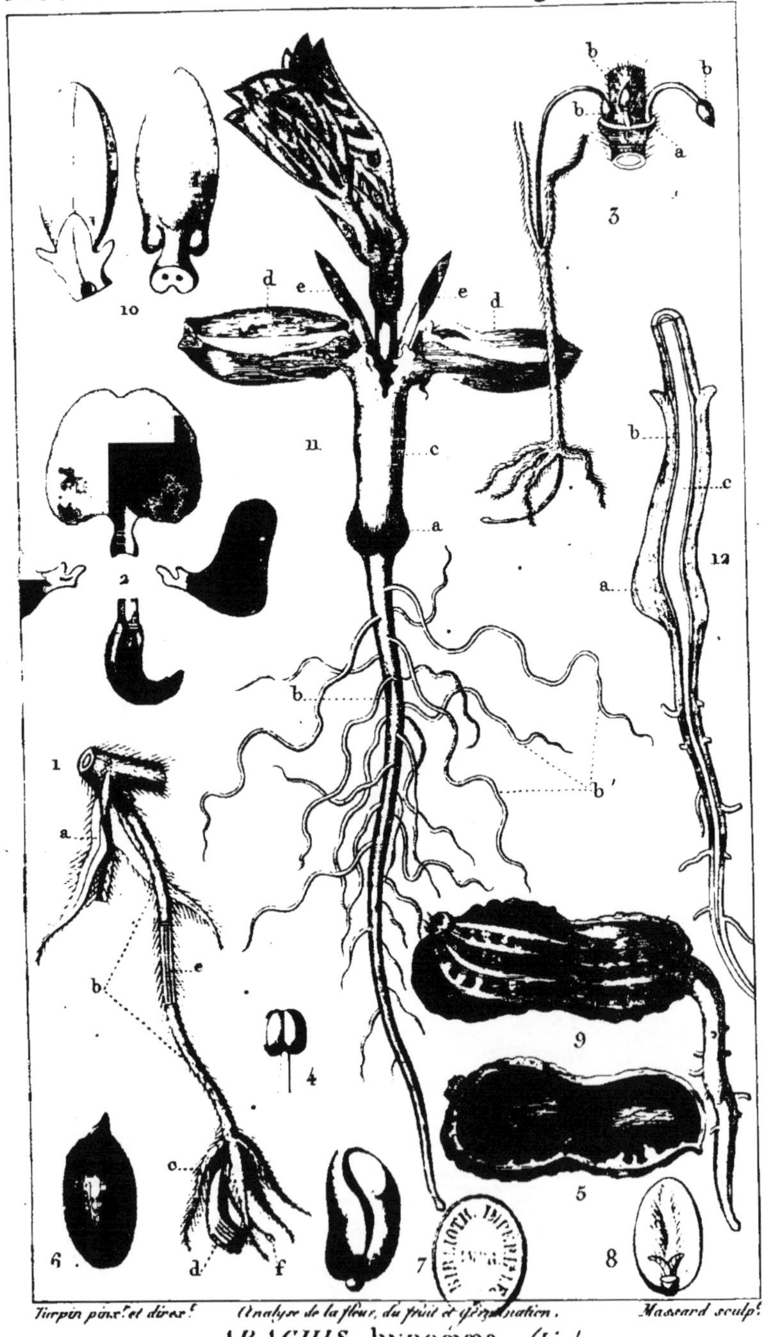

Turpin pinx.t et direx.t *Analyse de la fleur, du fruit et germination.* *Massard sculp.t*

ARACHIS hypogæa. *(Lin.)*

1. *Tronçon de tige, portant une fleur dépourvue de sa corolle.* a. *Stipules.* b. *Tube du calice.* c. *Divisions.* d. *Etamines.* e. *Style traversant le tube.* f. *Stigmate.* 2. *Pétales.* 3. *Tronçon.* a. *Nœud vital.* bbb. *Ovaires dont deux avec stipes qui s'allongent.* 4. *Une anthère.* 5. *Fruit dont on a enlevé une portion du péricarpe.* 6. *Graine.* 7. *Embryon.* 8. *Id. dont on a enlevé un cotylédon.* 9. *Embryon commençant à germer.* 10. *Feuilles cotylées, pétiolées.* 11. *Germination.* a. *Point médian.* b. *Radicule.* b'. *Radicelles.* c. *Tigelle.* dd. *Feuilles cotylées.* ee. *Bourgeons.* 12. *Coupe verticale de la fig. précédente.* a. *Syst.me cortical.* b. *Syst.me ligneux.* c. *Syst.me médullaire.*

BOTANIQUE.

DICOTYLÉDONES. Légumineuses. *(Juss.)*

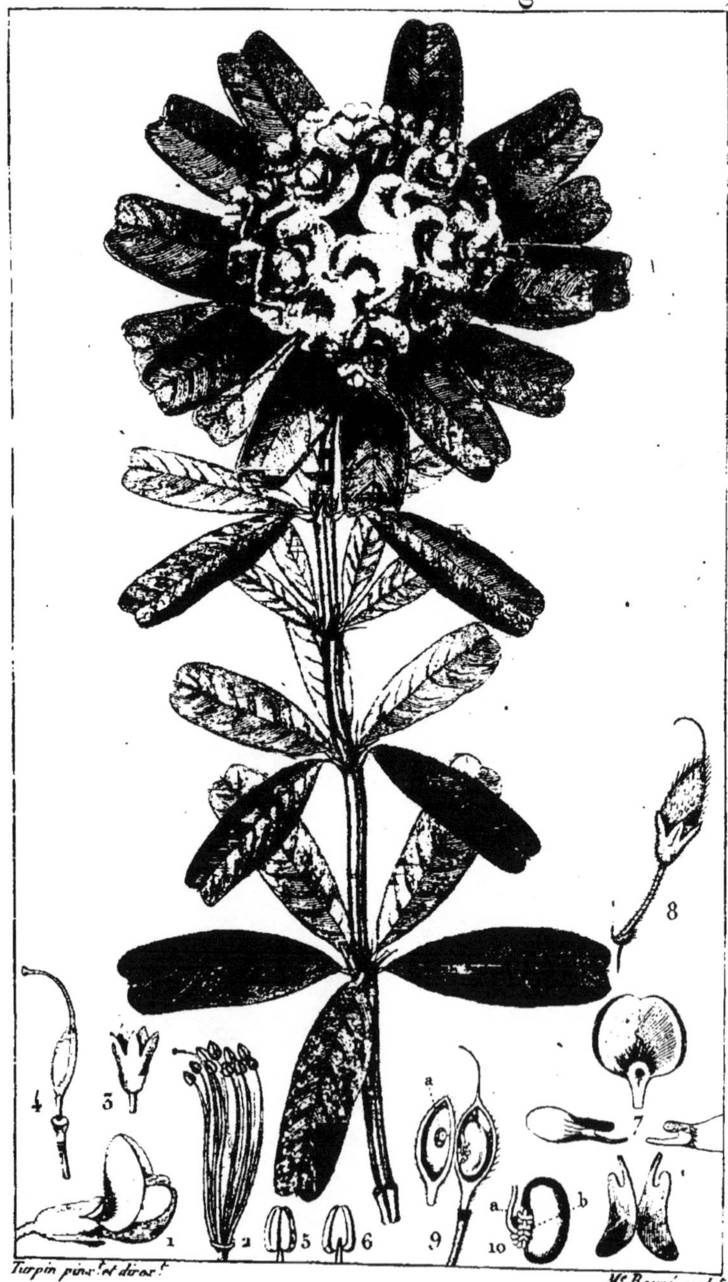

Turpin pinx.t et direx.t *Mr Bouré sculp.t*

GASTROLOBE à feuilles échancrées.

***GASTROLOBIUM* bilobum.**

(Grand. nat.)

1. Fleur entière. 2. Etamines et pistil. 3. Calice. 4. Pistil. 5. Anthère grossie. 6. Id. vue par derrière. 7. Pétales. 8. Fruit. 9. Id. ouvert. a. Ovule avorté. 10. Graine. a. dernier article de la tige mère (Cordon ombilical des botanistes.) b. Arille rudimentaire, granuleux.

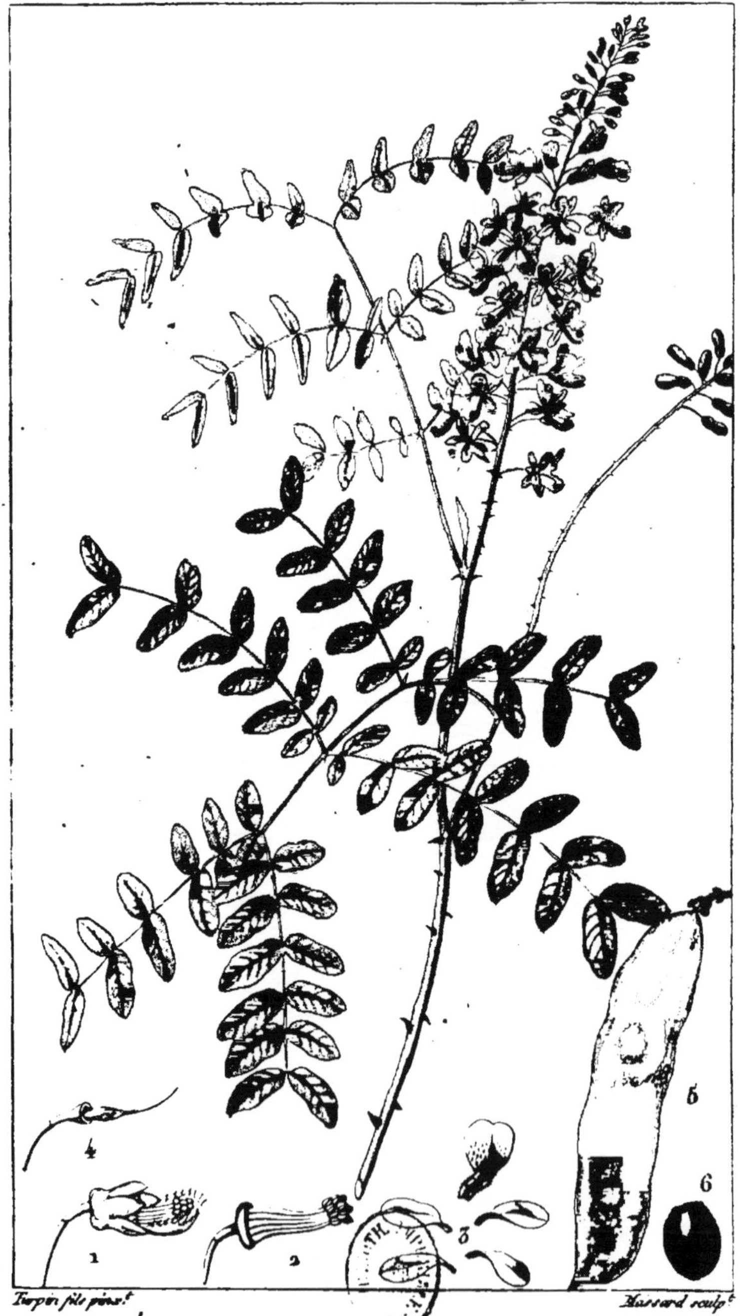

BRÉSILLET à calice découpé en peigne.

CÆSALPINIA pectinata. *(Cav.)*

(2/5me de Grand. nat.)

1. *Calice, étamines et pistil.* 2. *Pistil et étamines.* 3. *Pétales.* 4. *Pistil.* 5. *Fruit.* 6. *Graine.*

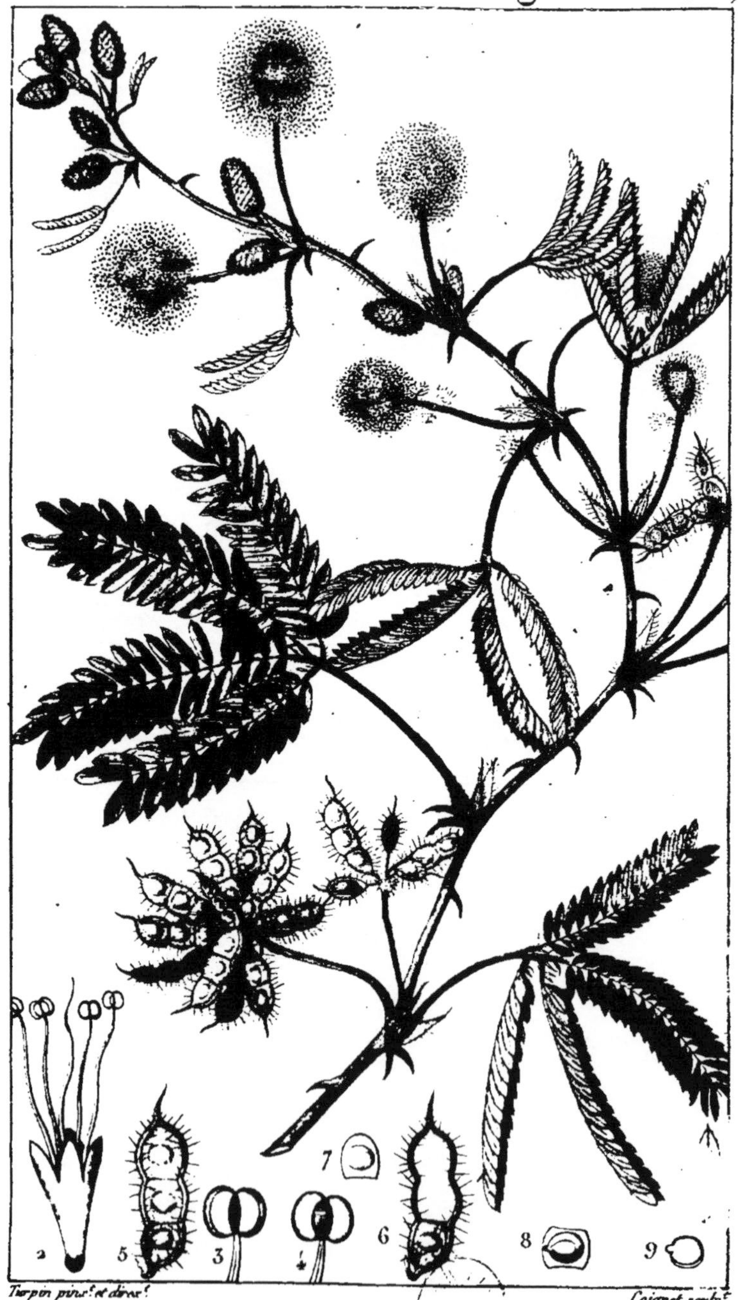

Turpin pinx.t et direx.t *Coignet sculp.t*

SENSITIVE commune.

MIMOSA pudica. *(Lin.)*

(Grand. nat.)

1. *Foliole isolée.* 2. *Fleur entière.* 3. *Anthère vue par devant.* 4. *Id. vue par le dos.* 5. *Fruit.* 6. *Id. dont on a détaché deux articles.* 7. *Un article.* 8. *Valve d'un article avec une* ... 9. *Embryon isolé.*

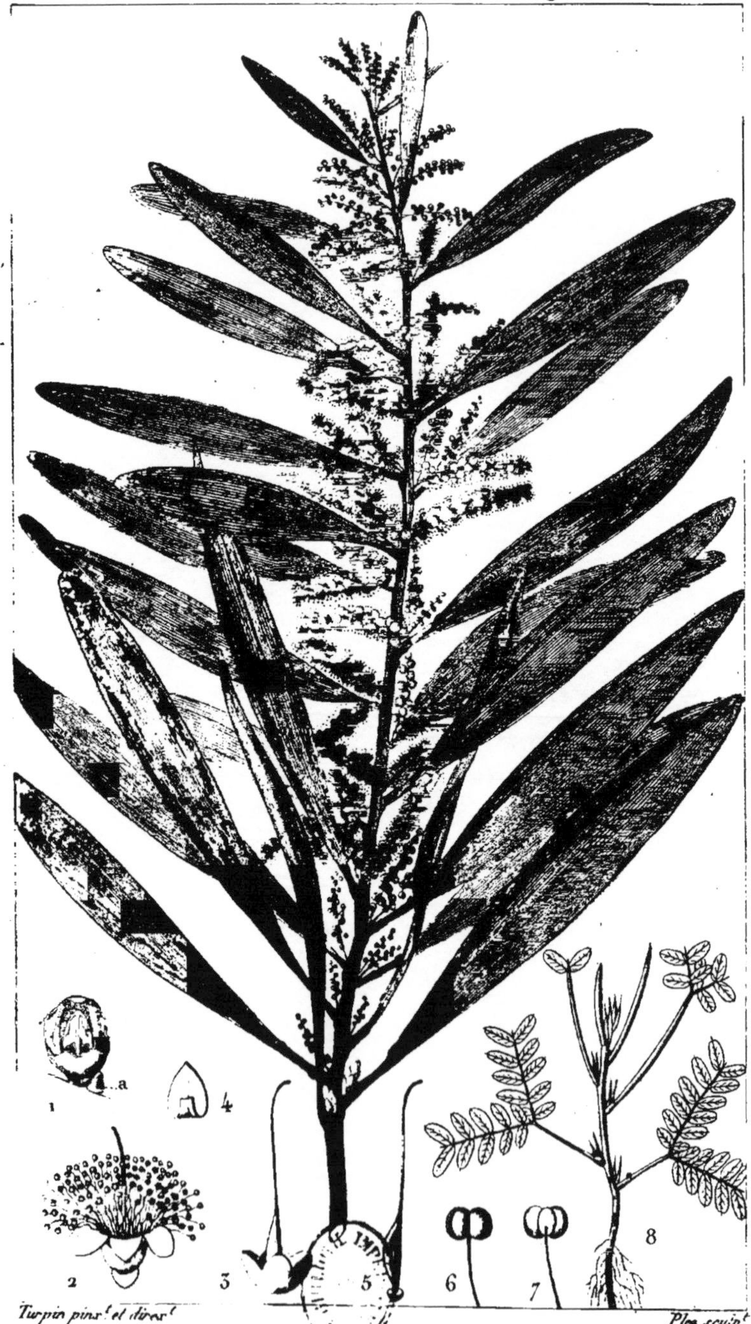

Turpin pinx.t et direx.t *Ples sculp.t*

ACACIE à longues feuilles.

ACACIA longifolia. *(Willd.)*

(1/2 Grand. nat.)

1. *Fleur avant l'anthèse.* a. *Feuille rudimentaire, à l'aisselle de laquelle naît la fleur.* 2. *Id. ouverte.* 3. *Calice et pistil.* 4. *Pétale.* 5. *Pistil.* 6. *Étamine.* 7. *Id. vue par le dos.* 8. *Jeune individu sur lequel on peut voir comment ses feuilles composées se réduisent, successivement, à n'être plus que des pétioles dilatés.*

BOTANIQUE.

DICOTYLÉDONES. Térébinthacées.

Turpin pinx.t et direx.t *Mlle Sixdeniers sculp.t*

PISTACHIER commun.

PISTACIA vera. *(Lin.)*

1. Fleurs mâles. 2. Fleur mâle grossie. 3. Etamine. 4. Fleurs femelles. 5. Fleur femelle grossie. 6. Coupe longitudinale d'une fleur femelle. 7. Fruit entier. 8. Le même coupé dans sa longueur. 9. Id. coupé horizontalement. 10. Graine. 11. Embryon.

Turpin pinx.t et direx.t *Victor sculp.t*

ACAJOU à pommes.

CASSUVIUM pommiferum. *(Lamark.)*

anacardium *occidentale. (Lin.)*

(½ Grand. nat.)

1. *Fleur hermaphrodite.* 2. *Calice.* 3. *Pistil et étamines.* 4. *Pistil.* 5. *Pétale.* 6. *Étamines.* 7. *Étamines d'une fleur mâle.* 8. *Pistil avorté, de la même.* 9. *Fruit.* a *Fruit proprement dit.* b. *Pédoncule charnu, succulent.* 10. *Fruit coupé en travers.*

Turpin pinx.t et direx.t *Schmeltz sculp.t*

MANGUIER commun.

MANGIFERA indica. *(Lin.)*

(1/2 grand. nat.)

1. *Fleur grossie.* 2. *Id. vue en dessous.* 3. *Fruit dont on a enlevé circulairement une portion de l'épicarpe et du mésocarpe.*

Turpin pinx.t et direx.t *Massard sculp.t*

MONBIN à fruits rouges *ou* **cirouellier.**

SPONDIAS monbin. *(Lin.)*

(½ grand. nat.)

1. Inflorescence. 2. Fleur grossie. 3. Id. vue en dessous. 4. Fruit dont on a enlevé une port.on de l'épicarpe et du mésocarpe. 5. Moitié d'un fruit réduit à l'endocarpe. 6. Graine. 7. Embryon.

Turpin pinx.t et direx.t *Massard sculp.t*

Individu fertile.

GOMART d'Amérique.

BURSERA gummifera. *(Lin.)*

(1/2 grand. nat.)

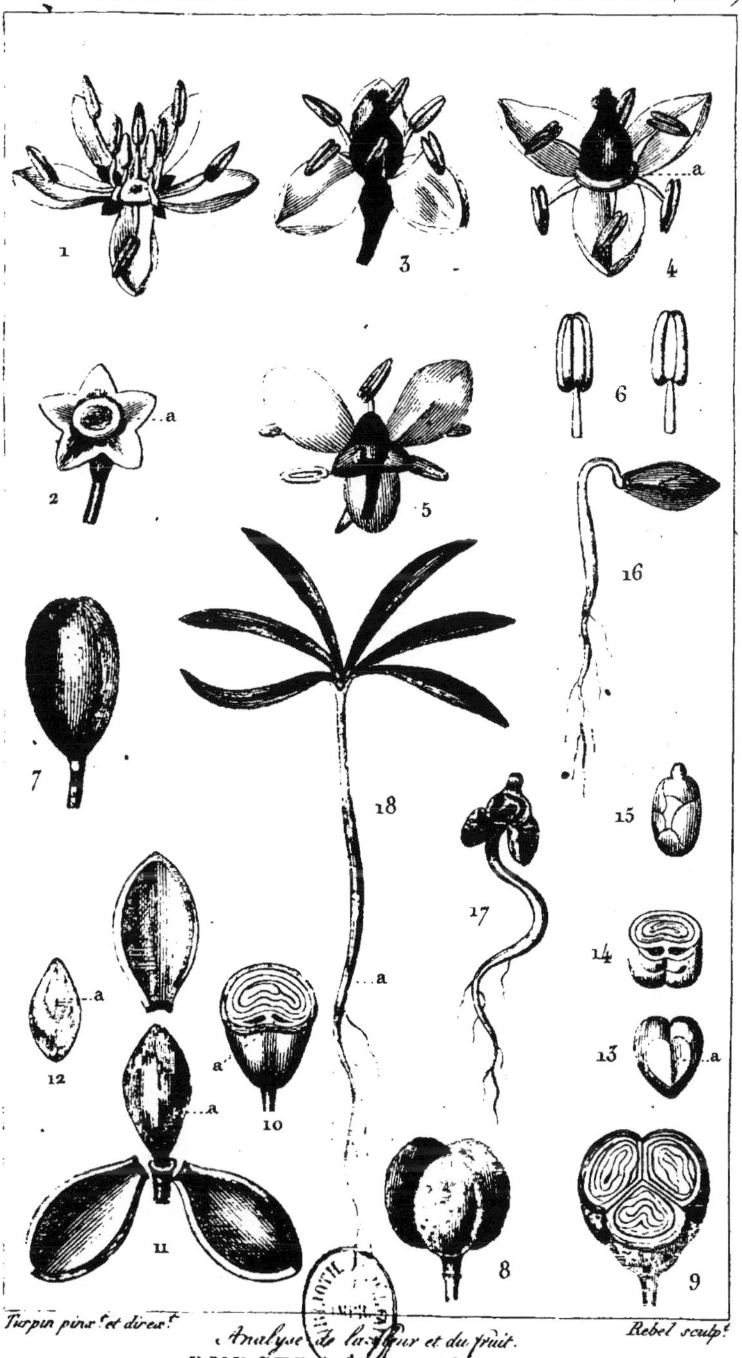

Turpin pinx.t et direx.t *Rebel sculp.t*

Analyse de la fleur et du fruit.

BURSERA gummifera. (Lin.)

1. *Fleur stérile.* 2. *Calice de la même.* a. *Phycostème.* 3. *Fleur fertile.* 4. *Id. plus ouverte.* a. *Phycostème.* 5. *Id. vue en dessous.* 6. *Etamines vues en sens différents.* 7 et 8. *Fruits de formes et de dévelop.mens différents.* 9. *Fruit tricoque coupé.* 10. *Id. avec deux coques avortées en* a. 11. *Fruit tel qu'il s'ouvre.* a. *Mésocarpe et endocarpe restant appliqués sur la graine.* 12 et 13. *Endocarpes et graines.* a a. *Loges avortées.* 14. *Id. coupés.* 15. *Embryon.* 16. *Germination.* 17. *Id. plus avancée.* 18. *Cotylédons épigés trifides.* a. *Point médian.*

Turpin pinx.t et direx.t *Rebel sculp.t*

BIBLIOTH. IMPER.

BALSAMIER polygame.

AMYRIS polygama. *(Willd.)*

(grand nat.)

1. *Individu en fleurs.* 2. *Id. en fruits.* 3. *Une feuille dentée.* 4. *Fleur avant l'anthèse.* 5. *Fleur stérile.* 6. *Fleur fertile.* 7. *Id. vue en dessous.* 8. *Pétale.* 9. *Une étamine.* 10. *Fruit.* 11. *Id. dont on a enlevé une portion du mésocarpe.* 12. *Id. coupé horizontalement.* 13. *Idem coupé verticalement.* a. *l'Un des deux ovules avortés.* 14. *Embryon.*

BOTANIQUE.

DICOTYLÉDONES. Connaracées. *(Brown.)*

Turpin pinx.t et direx.t *Victoire Plée sc.*

CONNARE à cinq styles.

CONNARUS pentagynus. *(Lam.)*

(1/2 grand. nat.)

1. Fleur entière. 2. Pétale. 3. Etamines et pistils. 4. Pistils. 5. Ovaires coupés horizontalement. 6. Etamines vues en sens différents. 7. Fruits. a. Fruit avorté. 8. Fruit a. Id. avorté. 9. Graine. 10. Embryon. 11. Id. dont on a écarté un des cotylédons.

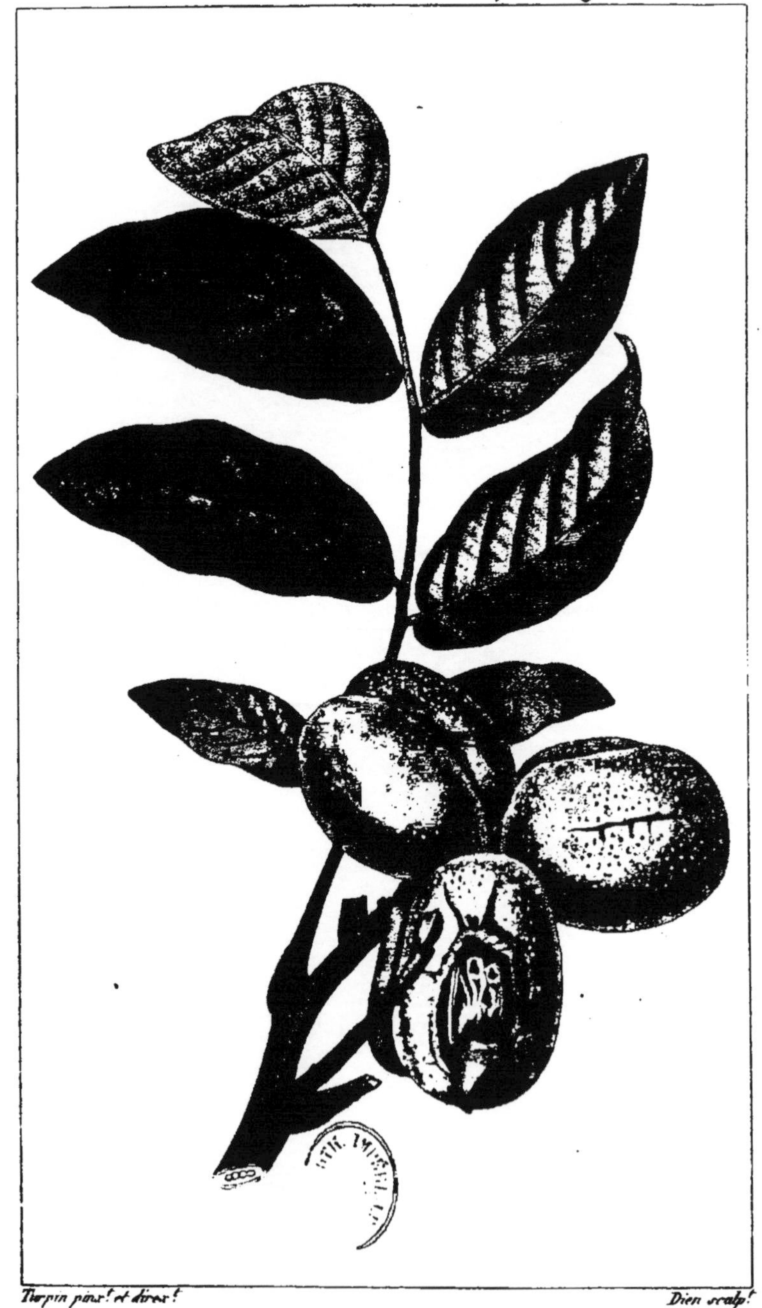

Turpin pinx.t et direx.t *Dien sculp.t*

NOYER commun. *(var. noix à bijoux.)*

JUGLANS regia. *(Lin.)*

var. juglans *ornatorum*. *(Poit. et Turp. Arb. fruit. Pl. 140.)*

(1/2 Grand. nat.)

DICOTYLÉDONES. Juglandées. *(DC.)*

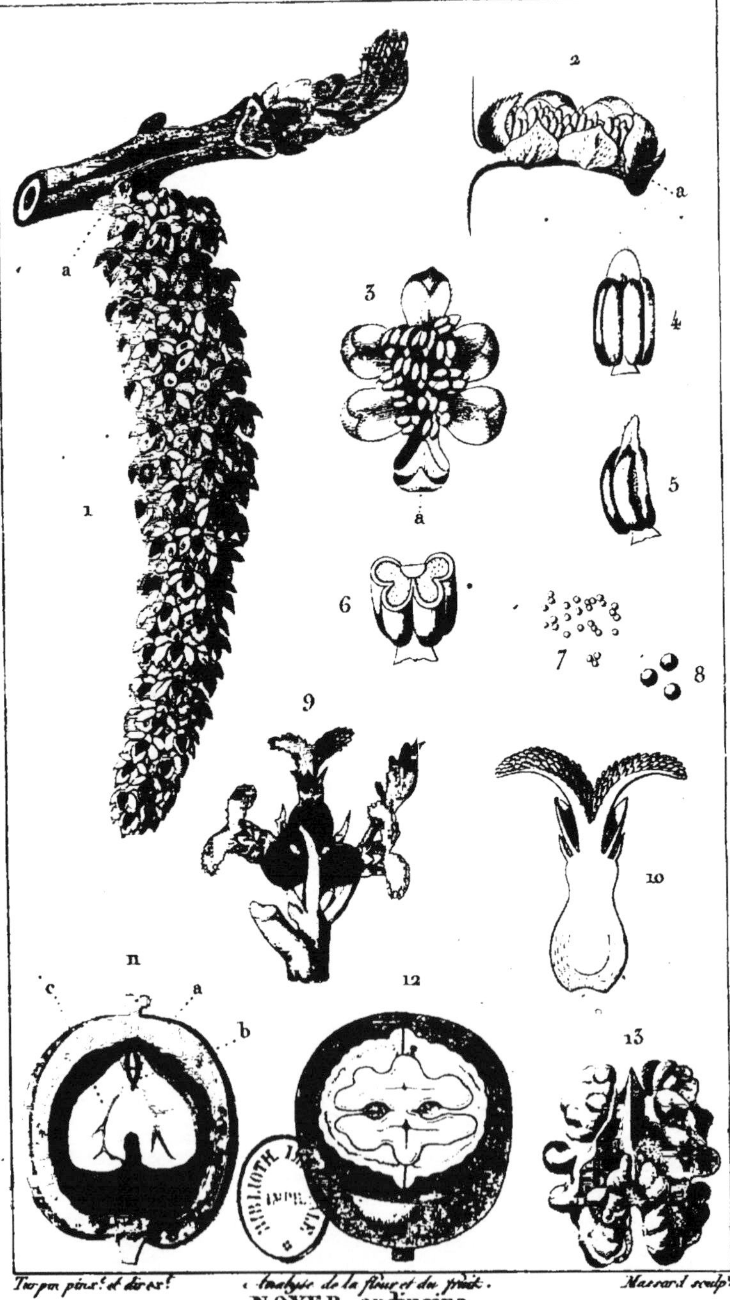

Turpin pinx.t et direx.t — *Analyse de la fleur et du fruit.* — *Massard sculp.t*

NOYER ordinaire.

***JUGLANS* regia.** *(Lin.)*

1. Réunion de fleurs stériles ou staminifères. (Chaton.) a. Cicatrice ou place qu'occupait la feuille à l'aisselle de laquelle est né le rameau de fleurs stériles. 2. Rameau secondaire biflore. a. Feuille rudimentaire. 3. Id. vu de face. a. Feuille rudimentaire. 4. Une étamine isolée et grossie. 5. Id. vue de côté. 6. Id. coupée horizontal.t 7. Utricules polliniques. 8. Id. grossis. 9. Trois fleurs fertiles ou pistilifères. 10. l'Une de ces fleurs coupée verticalem.t 11. Fruit coupé verticalement. a. Radicule de l'Embryon. b. Gemmule. c. l'Une des feuilles cotylées. 12. Fruit coupé horizontalement. 13. Graine.

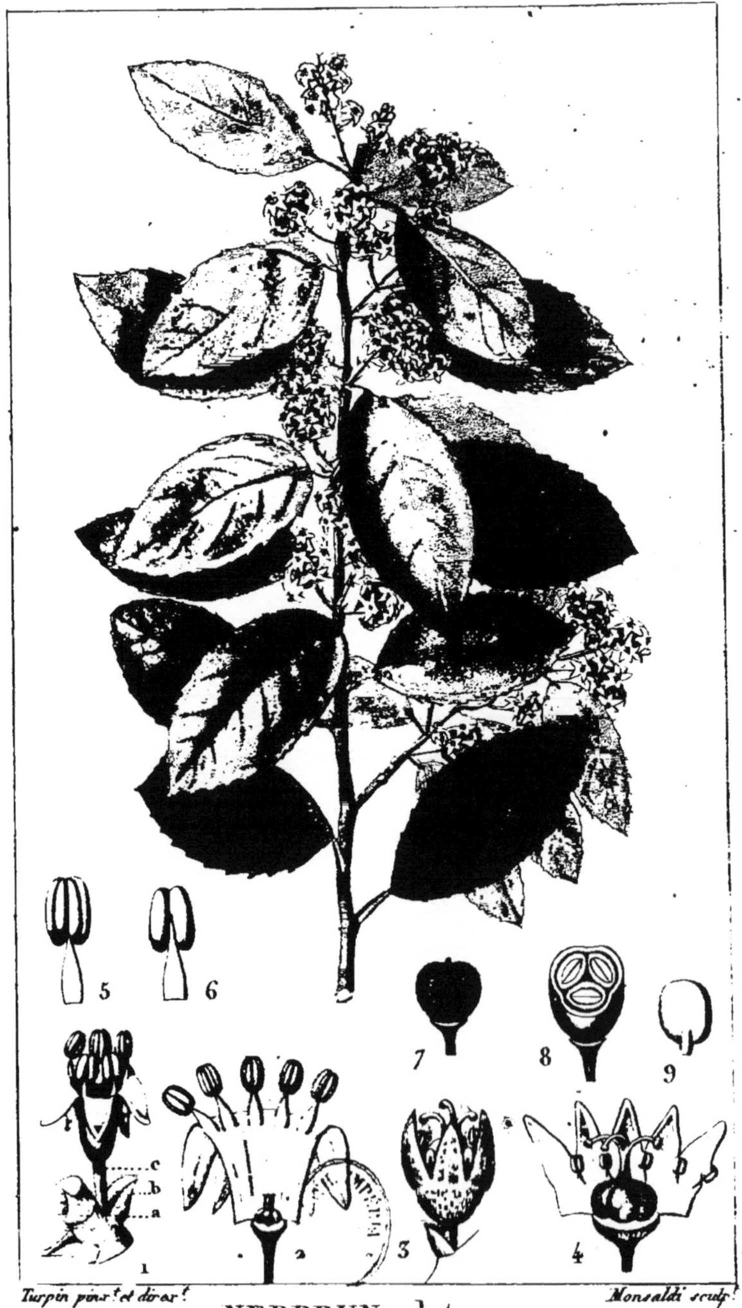

Turpin pinx.t et direx.t *Monsaldi sculp.t*

NERPRUN alaterne.

***RHAMNUS* alaternus.** *(Lin.)*

(3/4 Grand. nat.)

1. Tronçon de rameau portant une fleur stérile. a. Nœud-vital ou conceptacle du rameau-fleur. b Feuille rudiment.e protectrice de la fleur. c Rameau-fleur. 2. Id. ouverte pour faire voir l'avortement du pistil. 3. Fleur fertile. 4. Id. ouverte pour faire voir que le pistil est développé et que les étam.s sont rudim.res 5. Etam.ne 6. Id. vue par le dos. 7. Fruit. 8. Id. coupé en travers. 9. Embryon isolé.

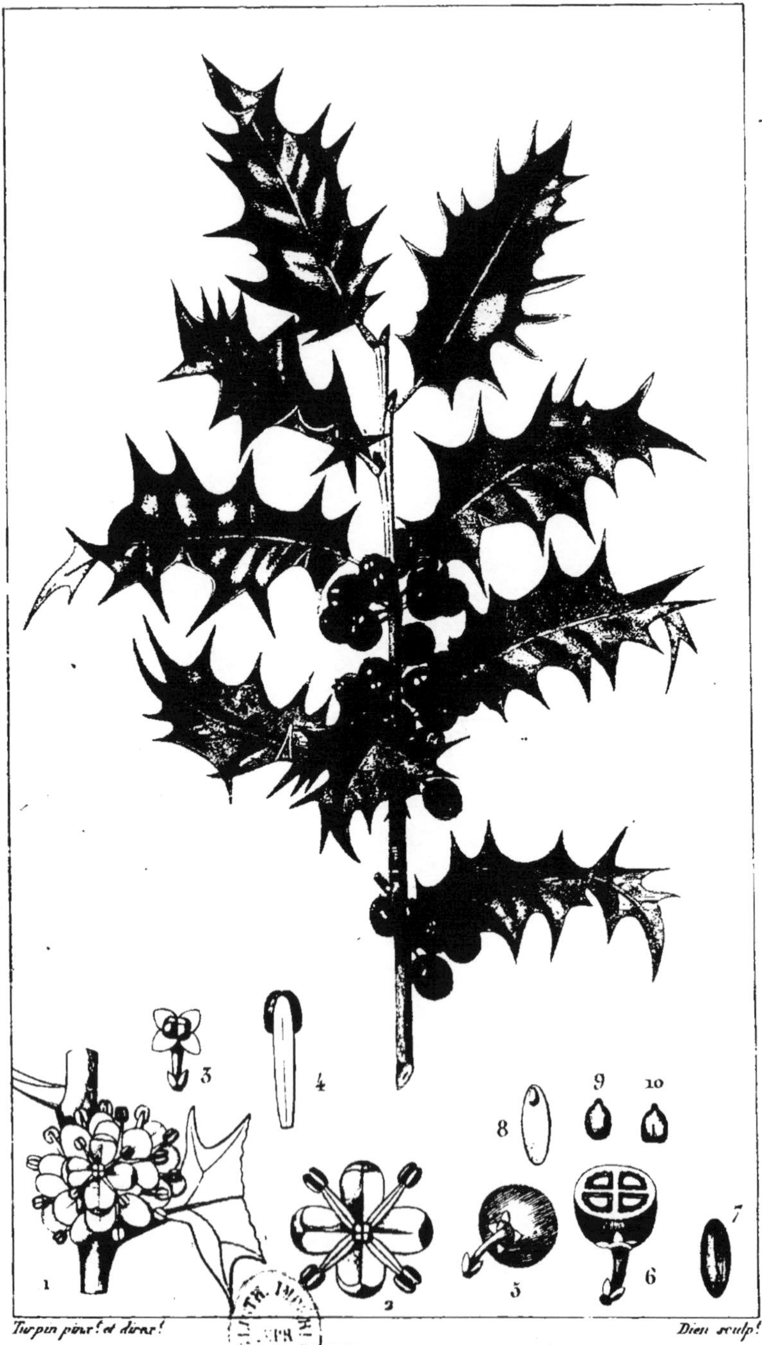

Turpin pinx.t et direx.t *Dieu sculp.t*

BIBLIOTH. IMPÉR.

HOUX commun.

ILEX aquifolium. *(Lin.)*

(1/2 Grand. nat.)

1. Portion de tige portant à l'aisselle d'une feuille, un petit rameau de fleurs. 2. Une fleur isolée. 3. Calice et pistil. 4. Une étamine vue par le dos. 5. Fruit. 6. Id. coupé horizontalement. 7. Graine. 8. Id. coupée verticalement pour faire voir que l'embryon est situé au sommet d'un endosperme. 9. Embryon. 10. Id. vu dans un autre sens.

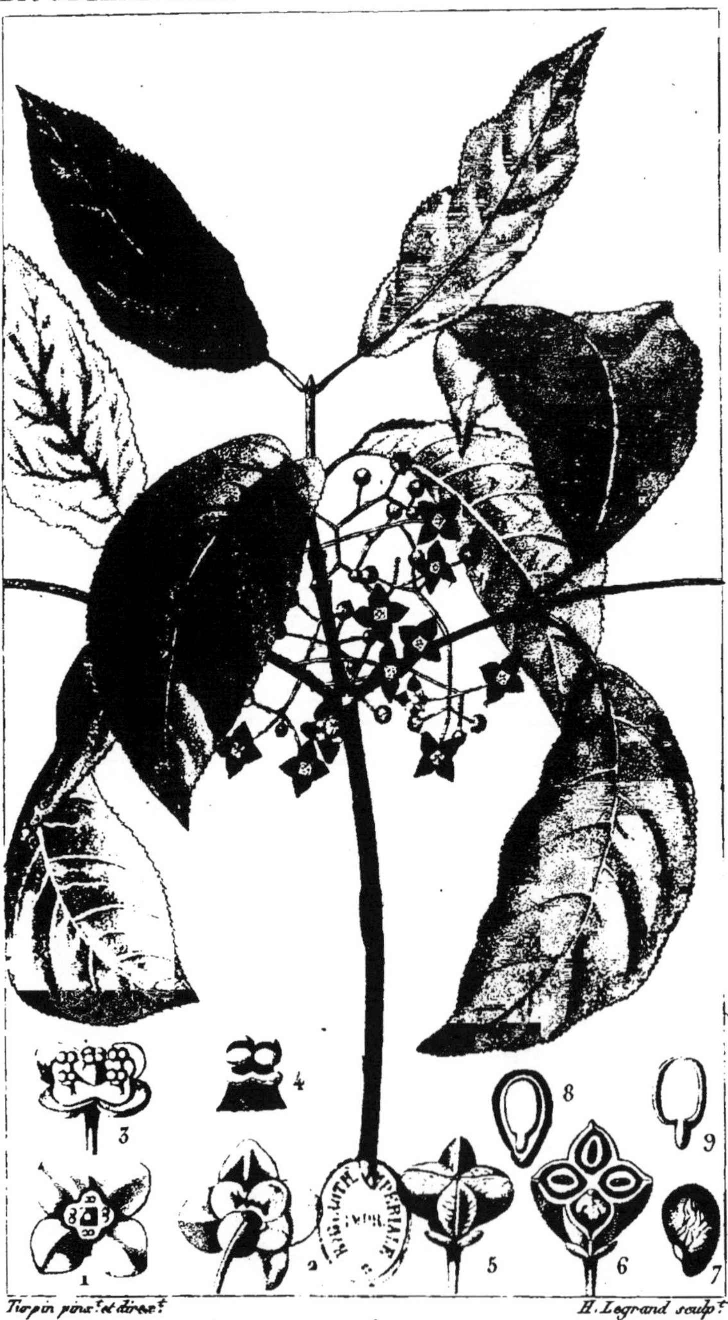

BIBLIOTH. IMPÉRIALE

Turpin pinx.t et direx.t H. Legrand sculp.t

FUSAIN noir-pourpre.

EVONYMUS atropurpureus. (Jacq. Hort.)

(1/2 Grand. nat.)

1. Fleur, grossie. 2. Id. vue par derrière. 3. Calice, étamines et pistil. 4. Une étamine, grossie. 5. Fruit. 6. Id. coupé horizontalement. 7. Graine arillée. 8. Id. coupée verticalement. 9. Embryon.

Turpin pinx.t et direx.t *Victor sculp.t*

TURPINIA paniculée.

TURPINIA paniculata. *(Vent. choix de plant.)*

(1/2 grand. nat.)

1. Fleur entière grossie. 2. Pétale. 3 et 4. Etamines vues en sens différens. 5. Fruit coupé horizontalem.t 6. Id. coupé verticalem.t 7 et 8. Graines. 9 et 10. Id. coupées différemment. 11. Embryon.

Turpin pinx.t et direx.t *Massard sculp.t*

STACKHOUSE monogyne.

STACKHOUSIA monogyna. *(Labill. Nouv. Holl.)*

(Grand. nat.)

1. *Feuille détachée d'un autre individu.* 2. *Fleur accompagnée de sa feuille rudiment.re* 3. *Corolle dont les pétales se dessoudent inférieurem.t* 4. *Calice et étamines.* 5. *Pistil.* 6. *Fruit* 7. *Id. à quatre coques.* 8. *Id. coupé horizontalem.t* 9. *Id. déhiscense naturelle.* 10. *Grain[e]* 11. *Id. coupée pour faire voir l'embryon au centre d'un endosperme.*

Turpin pinx.t et direx.t *Schmelz sculp.t*

[library stamp]

EUPHORBE officinal.

EUPHORBIA officinarum. *(Lin.)*

(1/2 grand. nat.)

1. *Inflorescence.* a. *Involucre.* b. *Fleurs stériles.* c. *Fleur fertile.* 2. *Coupe verticale d'une inflorescence.* 3. *Coupe horizontale d'un ovaire.*

Turpin pinx.t et direx.t *Victor sculp.t*

RICIN commun.

***RICINUS* communis** *(Lin.)*

(1/3 de Grand. nat.)

1. Fleur mâle. 2. Filament rameux portant un grand nombre d'anthères. 3. Anthères. 4. Anthère ouverte laissant échapper le pollen 5. Pollen vu au microscope. 6. Fleur femelle. 7. Aiguillon, détaché d'un fruit 8. Fruit 9. Une des trois coque isolée. 10. Fruit coupé en travers. 11. Graine. 12. Id. coupée dans sa longueur. 13. Embryon.

BOTANIQUE.

DICOTYLÉDONES. Euphorbiacées. *(Juss.)*

Turpin pinx.t et direx.t *Schmelz sculp.t*

BIBLIOTH. IMPÉR.

PACHYSANDRE couchée.

PACHYSANDRA procumbens. *(Andr.)*

(1/2 grand. nat.)

1. *Fleur stérile*. a. *Feuille rudimentaire*. 2. *Fleur stérile, ouverte*. a. *Pistil rudiment.re* 3. *Etamine*. 4. *Anthère vue par le dos*. 5. *Fleur fertile*. 6. *Ovaire coupé horizont.ent*

...rpin pinx.t et direx.t *H. Legrand sculp.t*

MANCÉNILLIER vénéneux.

MANCINELLA venenata. (Juss.) Hippomane mancinella. (Lin.)

(1/2 Grand. nat.)

... sterile. 2. Fleur fertile. 3. Pistil. 4. Id. coupé horizontalem.t 5. Fruit. 6. Idem coupé ... 8. Id. coupé verticalem.t 9. Embryon.

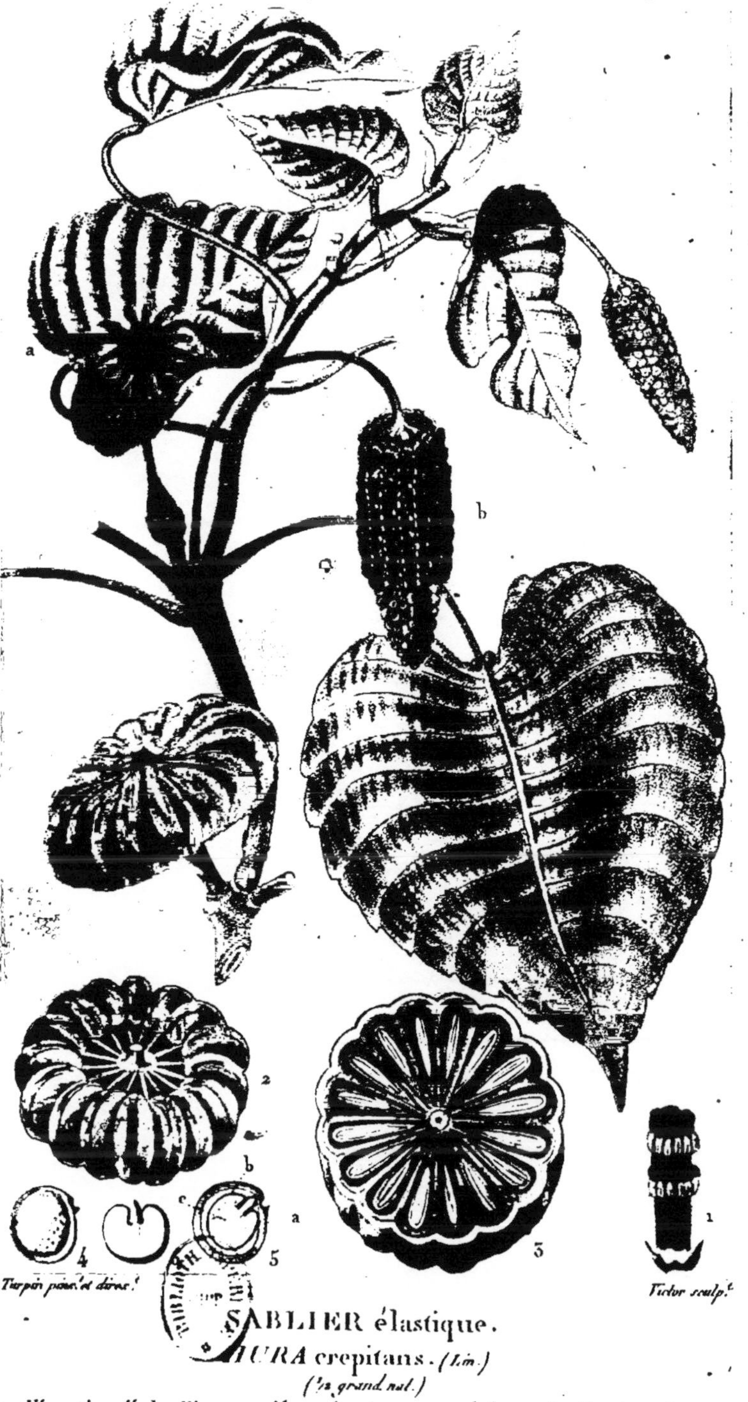

Turpin pinx. et direx. *Victor sculp.*

BIBLIOTH

SABLIER élastique.

HURA crepitans. *(Lin.)*

(½ grand. nat.)

a. *Fleur femelle.* b. *Fleurs mâles, réunies en un épi serré.* c. *Fruit polycoque.* 1. *Fleur mâle, détachée d'un épi.* 2. *Fruit dont on a enlevé la première enveloppe.* 3. *Fruit coupé en travers.* 4. *Graine.* 5. *La même coupée dans sa longueur.* a. *Tégument.* b. *Périsperme.* c. *Embryon.* 6. *Embryon isolé.*

DICOTYLÉDONES. Euphorbiacées. *(Juss.)*

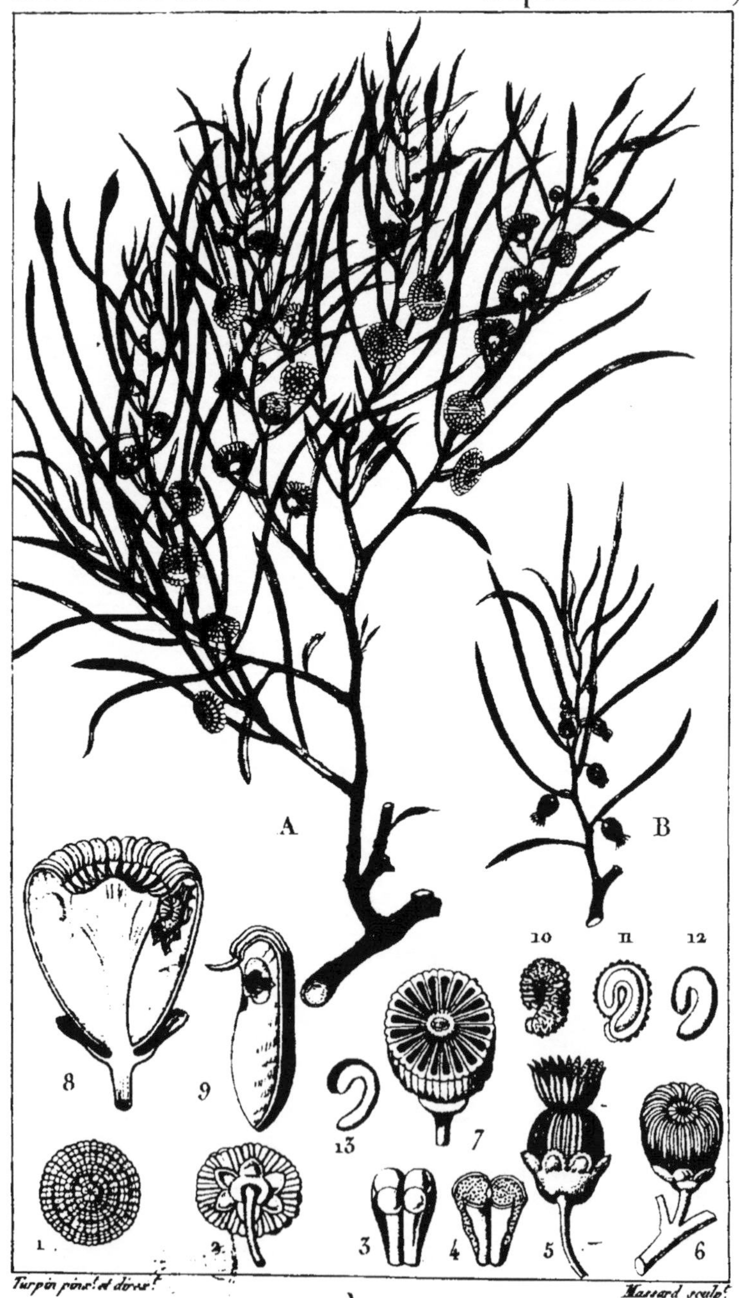

Turpin pinx.t et direx.t *Massard sculp.t*

GYROSTÈME rameux.

GYROSTEMON ramulosum. *(Desf.)*

(1/2 Grand. nat.)

A. *Individu stérile.* B. *Individu fertile.* 1. *Fleur stérile.* 2. *Id. vue en dessous.* 3. *Une étamine détachée.* 4. *Id. coupée horizontalem.t* 5. *Fleur fertile.* 6. *Fruit.* 7. *Id. coupé horizont.ent* 8. *Id. coupé verticalement.* 9. *l'Une des coques isolée.* 10. *Graine.* 11. *Id. coupée verticalem.t* 12. *Embryon vêtu de son endosperme.* 13. *Embryon isolé.*

Turpin pinx.t et direx.t Dien sculp.t

ORME champêtre.

ULMUS campestris. *(Lin.)*

(1/2 Grand. nat.)

1. Feuille de grand. nat. 2. Rameau de fleurs de grand. nat. 3. Fleur grossie. 4. Calice ouvert, pour faire voir l'insertion des étamines. 5. Anthère. 6. Id. vue de côté. 7. Id. après l'émission du pollen. 8. Pistil. 9. Graine. 10. Embryon. 11. Id. dont on a enlevé l'une des feuilles cotylées. a. Radicule. b. Gemmule. c. Feuille cotylée.

BOTANIQUE.

DICOTYLÉDONES. Ulmacées.

Turpin pinx.t et direx.t *Giraud sculp.t*

ORME de Chine. *(Thé de l'abbé Gallois.)*

ULMUS chinensis. *Ulm. parvifolia. (Jacq. H. Sch.)*

(grand. nat.)

1. *Fleur entière grossie.* 2 *et* 3. *Etamines vues en différens sens.* 4. *Vésicules polliniques.* 5. *Calice et pistil.* 6. *Pistil accompagné des* 4 *filaments d'étamines persistants.* 7. *Coupe verticale d'un pistil* 8. *Fruit.* 9. *Id. coupé verticalement.*

BIBLIOTH. IMPÉRIALE IMPR.

Turpin pinx.t et direx.t *M.e Joyeau sculp.t*

BOEHMER en chaton.

BOEHMERIA caudata. *(Lam. Encycl.) (Bonpl. pl. rar. Mal.)*

(1/3 grand. nat.)

1. *Fleur stérile.* 2. *Id. ouverte.* 3. *Fleurs fertiles.* 4. *Fruits.* 5. *Fruit isolé.* 6. *Id. coupé verticalement.*

Turpin pinx.t et direx.t *Victor sculp.t*

DORSTÈNE à feuilles de berce.

DORSTENIA contrayerva. *(Lin.)*

(½ Grand. nat.)

1. *Portion de placenta, involucre, ou calathide, dans laquelle on voit en* a. *deux fleurs femelles. en* b. *une fleur mâle diandre.* 2. *Fruit de grosseur naturelle.* 3. *Id. grossi.* 4. *Id. vu de côté.* 5. *Id. coupé en travers.* 6. *Graine.* 7. *Embryon.*

BIBLIOTH. IMPERIALE IMPR.

Turpin pinx.t et direx.t *Le Roy sculp.t*

FIGUIER cultivé. Figue *blanche ronde.*

FICUS **carica.** *(Lin.)*

(1/2 Grand. nat.)

A. Fruit d'automne. B. Fruit d'été. 1. Coupe verticale d'un placenta turbiné, contenant les fleurs mâles et femelles. a. Involucre triphylle. b. Placenta. c. Ecailles fermant l'orifice du placenta. 2. Fleur mâle. 3. Fleur femelle. 4. Coupe verticale d'un placenta mûr. 5. Fruit. 6. Id. coupé pour faire voir la graine. 7. Graine. 8. Id. dépouillée de son tégument. 9. Id. coupée. 10. Embryon.

BIBLIOTH. IMPÉRIALE IMPR.

Turpin pinxit et direx.t Victor sculp.t

ARBRE À PAIN d'othaïti.

ARTOCARPUS incisa. *(Lin.)*

(5.ème de Grand. nat.)

A. *Chaton composé de fleurs mâles.* B. *Id. composé de fleurs femelles.* 1. *Fleur mâle.* 2. *la même dont on a fendu le calice.* 3. *trois fleurs femelles.* 4. *Coupe longitudinale d'un fruit.* 5. *Graine ayant à sa base son endocarpe.*

Turpin pinx.t et direx.t *Victoire Plée sc.*

HÉDYOSMÉE de Bonpland.

HEDYOSMUM Bonplandianum. *(Kunth in Humb.)*

(½ grand. nat.)

A. *Individu stérile.* B. *Individu fertile.* 1. *Etamines.* 2, 3 *et* 4. *Etamines vues en sens différents et en différents états.* 5. *Fleur fertile.* a. *Involucre.* b. *Calice.* 6. *Id. coupé [illegible] faire [illegible] l'ovule est suspendu.* 7. *Fruit.* 8. *Id. coupé.*

BIBLIOTH. IMPÉRIALE IMPR.

Turpin pinx.t et direx.t *Massard sculp.t*

REDOUL à feuilles de Myrte.

CORIARIA myrtifolia. *(Lin.)*

(Grand. nat.)

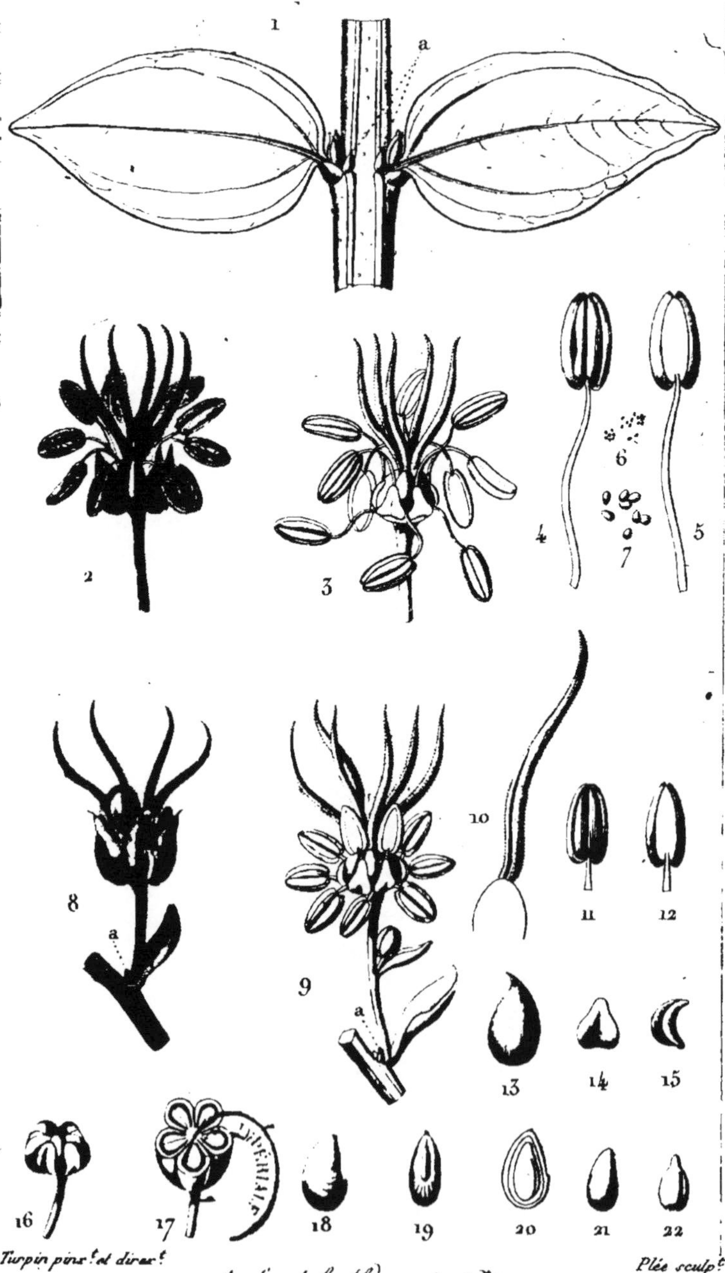

Turpin pinx.t et direx.t *Plée sculp.t*

Analyse de la fleur et du fruit.

CORIARIA myrtifolia. *(Lin.)*

1. *Portion d'une tige avec deux feuilles.* a. *Stipules.* 2. *Fleur à étamines longues.* 3. *Id. dépouillée de son calice.* 4 et 5. *Etamines.* 6. *Pollen.* 7. *Id. grossis.* 8. *Fleur à étamines courtes.* 9. *Id. dépouillée de son calice.* a a. *Stipules.* 10. *Un style.* 11 et 12. *Etamines.* 13. *Foliole calicinale.* 14 et 15. *Pétales.* 16. *Fruit.* 17. *Id. coupé horizont.ment* 18 et 19. *Deux coques.* 20. *Une coque coupée vertic.ment* 21. *Graine.* 22. *Embryon.*

Turpin pinx.t et direx.t *Perrot sculp.t*

MONIMIE à feuilles rondes.

***MONIMIA* rotundifolia.** *(Pet. Th.)*

(1/2 grand. nat.)

A. Individu stérile. B. Individu fertile. 1. Poil étoilé. 2. Fleur stérile en bouton. 3. Id. ouverte. 4. Id. vue en dedans. 5. Id. coupée verticalem.t 6. Etamine. 7. Fleur fertile. 8. Id. grossie. 9. Id. coupée verticalement. 10. Pistils. n. Fruit grossi. 12. Id. dont on a enlevé une portion du calice pour faire voir les cinq péricarpes. 13. Péricarpe isolé. 14. Id. coupé horizontalem.t 15. Id. coupé verticalem.t 16. Embryon.

BOTANIQUE.

DICOTYLÉDONES. Pipéritées. *(Kunth in Humb. et Bonpl.)*

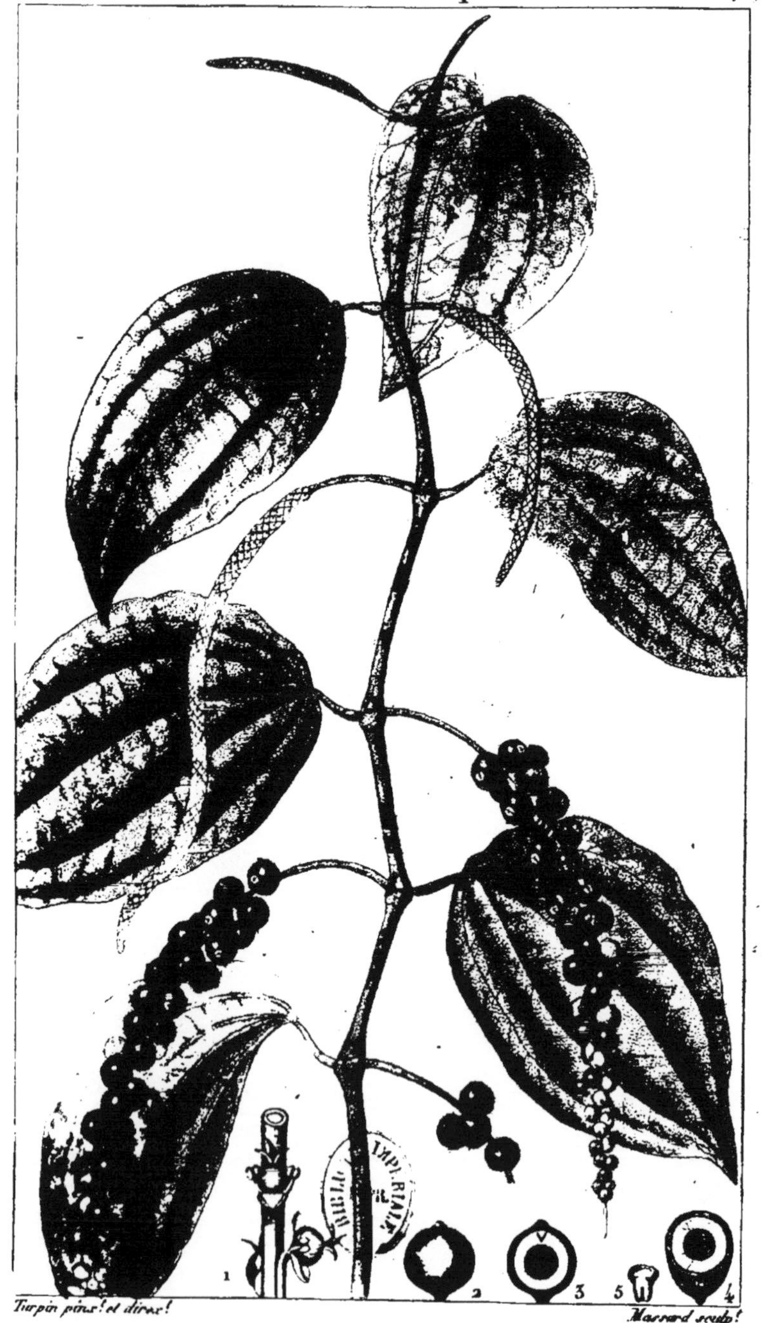

Turpin pinx! et direx! *Massard sculp!*

POIVRIER noir *ou* aromatique.

PIPER nigrum. *(Lin.)*. aromaticum. *(Lam.)*

(½ Grand. nat.)

1. Portion d'un épi chargé de fleurs. 2. Fruit. 3. Id. coupé verticalement. 4. Id. coupé horizontalement. 5. Embryon.

DICOTYLÉDONES. **Pipéritées.** *(Kunth in Humb. et Bonpl.)*

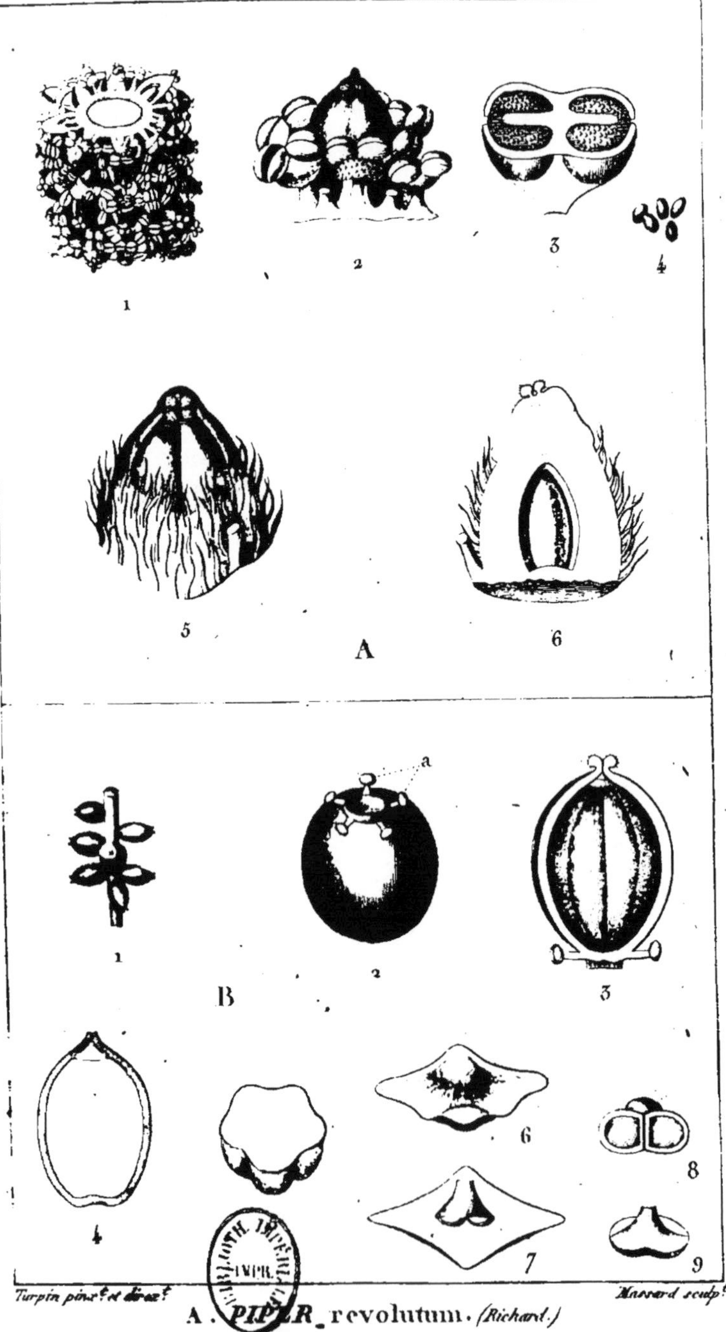

BIBLIOTH. IMPÉRIALE IMPR.

Turpin pinx.t et direx.t *Massard sculp.t*

A. *PIPER* revolutum. *(Richard.)*

1. Portion d'un épi. 2. Pistil accompagné de plusieurs étamines. 3. Coupe horizontale d'une anthère. 4. Utricules polliniques. 5. Pistil. 6. Id. coupé verticalement.

B. *PIPER* lævigatum. *(Bonpl.)*

1. Portion d'un épi. 2. Fruit. a. Rudiments d'étamines. 3. Fruit coupé longitudinalement. 4. Coupe verticale d'une graine. 5. Id. coupée en travers. 6. Embryon. 7. Coupe verticale de l'embryon. 8. Gemmule vue de face. 9. Id. vue de côté.

DICOTYLÉDONES. Pipéritées. (Kunth in Humb. et Bonpl.)

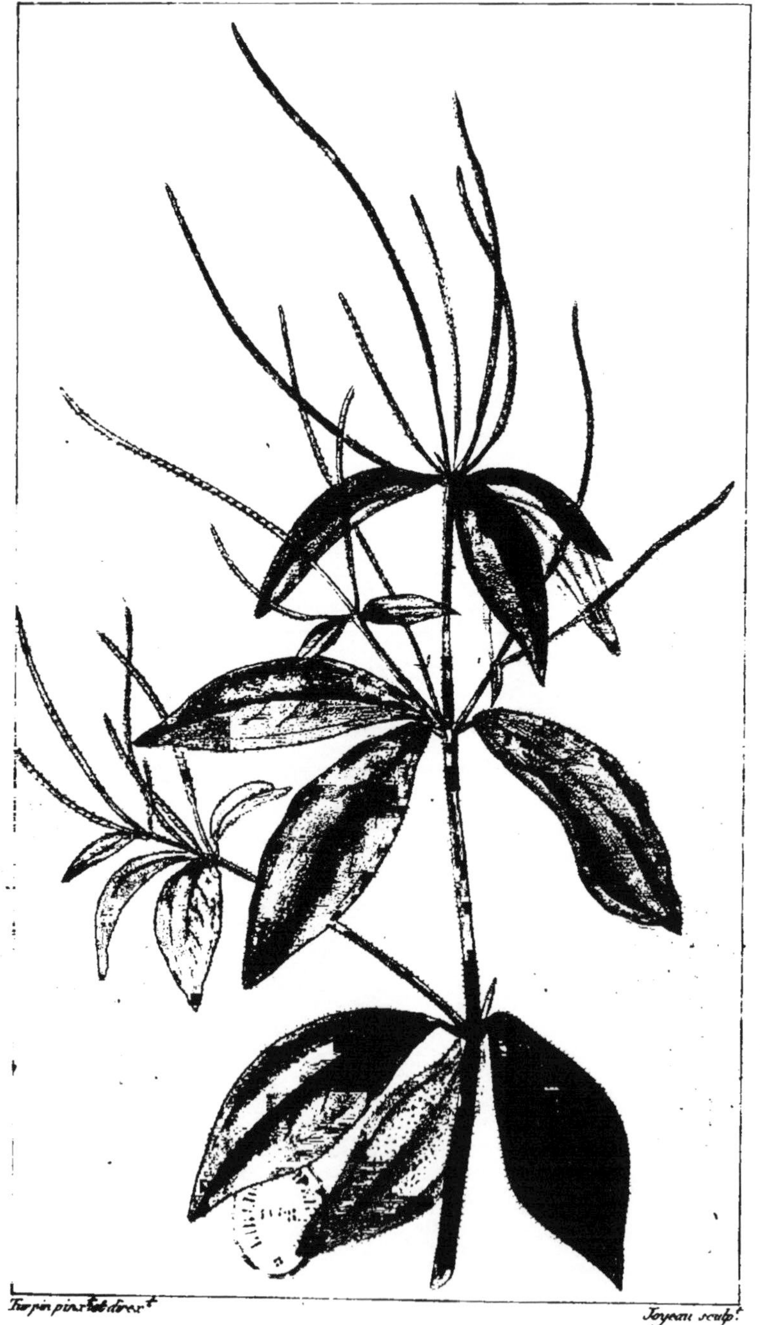

Turpin pinx. et direx.t Joyeau sculp.t

POIVRIER élégant.
PEPEROMIA blanda.
Piper *blandum*. (Jacq.)
(Grand. nat.)

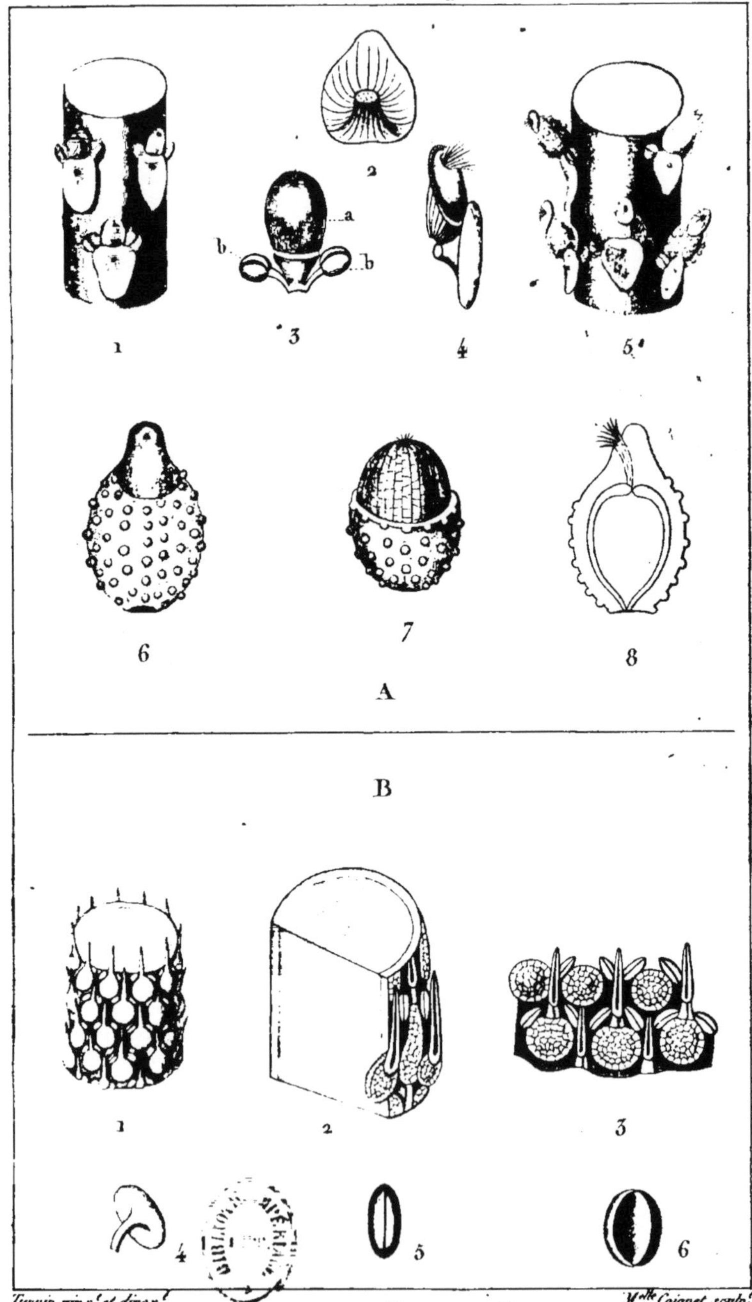

Turpin pinx.t et direx.t *M.elle Coignet sculp.t*

Analyse de la fleur et du fruit.

A. *PEPEROMIA* blanda. 1. *Portion d'un épi, sur laquelle on voit trois fleurs.* 2. *Feuille rudimentaire à l'aisselle de laquelle naissent les fleurs.* 3. *Une fleur isolée.* a. *Pistil.* bb. *Étamines.* 4. *Pistil accompagné de sa feuille rudimentaire.* 5. *Portion d'un épi chargé de fruits et d'étamines persistantes.* 6. *Fruit.* 7. *Id. dont on a enlevé la moitié du péricarpe.* 8. *Id. coupé verticalement.*

B. *PEPEROMIA* obtusifolia. *(Lam.)* 1. *Portion d'un épi de fleur.* 2. *Id. coupé vertical.ent* 3. *quelques fleurs détachées d'un épi.* 4. *Étamine vue par derrière.* 5. *Id. vue par devant.* 6. *Id. ouverte.* *(Tous ces détails sont très grossis.)*

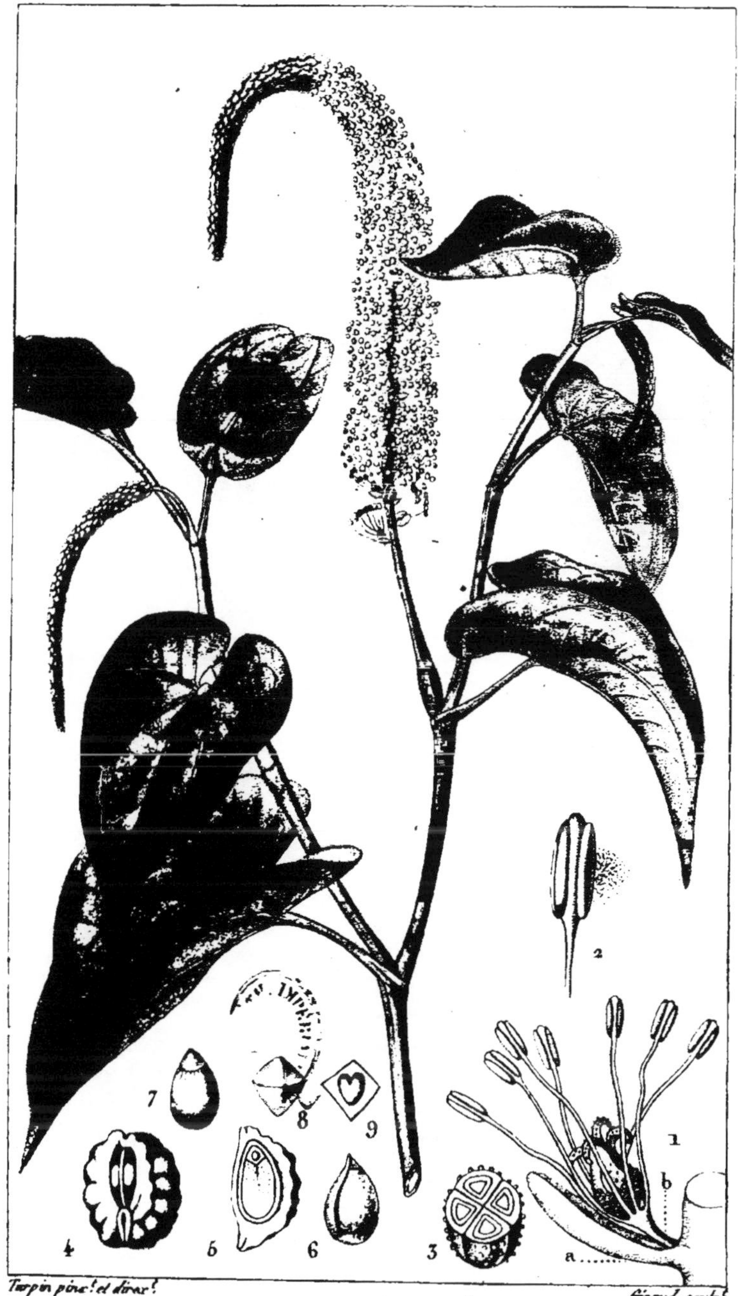

Turpin pinx.t et direx.t — Giraud sculp.t

SAURURE inclinée.

***SAURURUS* cernuus.** *(Lin.)*

(1/2 Grand. nat.)

1. Portion d'axe portant une fleur entière. a Feuille rudimentaire (non calice) à l'aisselle de laquelle est né le rameau-fleur. b Pédoncule. 2. Etamine. 3. Ovaire coupé horizontalement. 4. l'Un des quatre lobes du fruit. 5 Id. coupé verticalement pour faire voir que l'embryon renfermé dans un petit sac, est situé au sommet d'un endosperme. 6. Graine revêtue de son arille 7. Id. dépouillée. 8. Sac contenant l'embryon. 9. Id. coupé pour faire voir l'emb.on

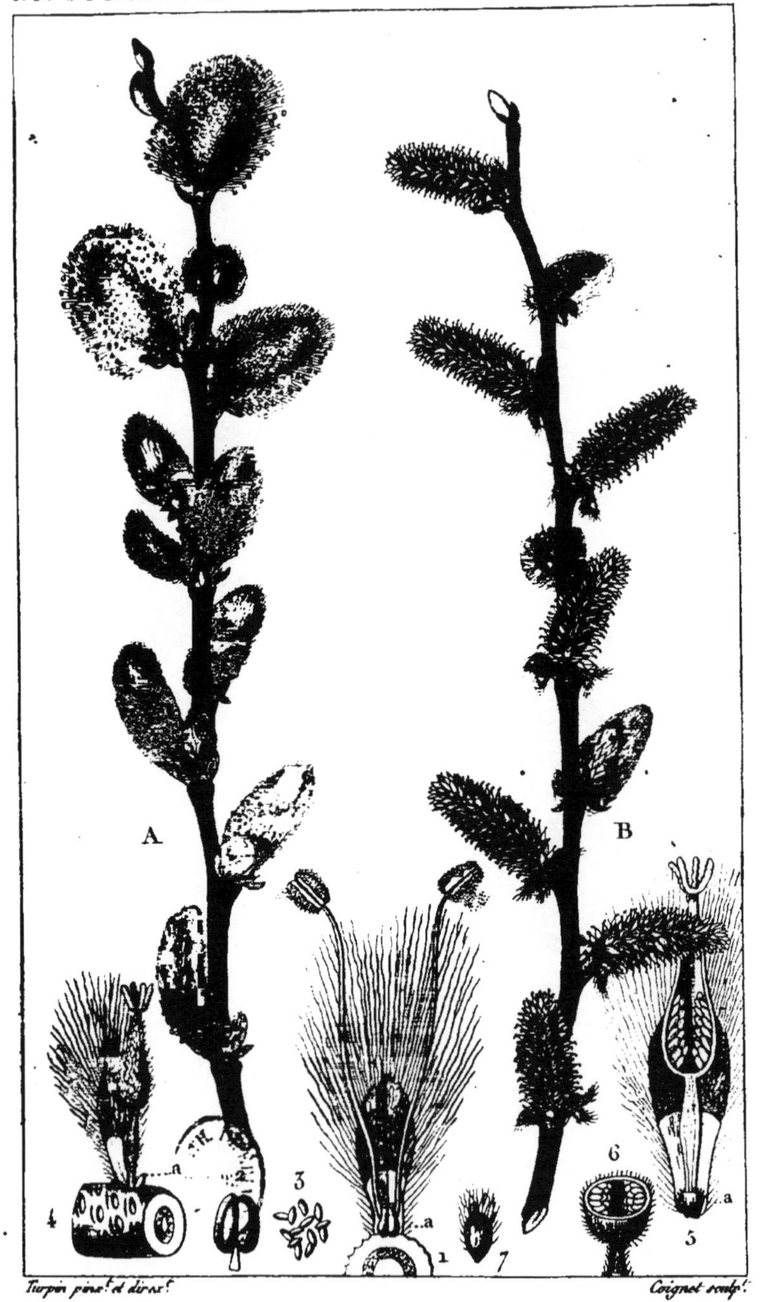

Turpin pinx.t et direx.t *Coignet sculp.t*

SAULE Marceau.

***SALIX* caprea.** *(Lin.)*

(½ Grand. nat.)

A. *Individu stérile.* B. *Individu fertile.* 1. *Fleur stérile.* a. *Pistil rudimentaire.* 2. *Anthère grossie.* 3. *Utricules polliniques.* 4. *Fleur fertile.* a. *Etamines rudimentaires.* 5. *Fleur fertile coupée verticalem.t* a. *Etamines rudimentaires.* 6. *Ovaire coupé horizont.mt* 7. *Ovule isolé.*

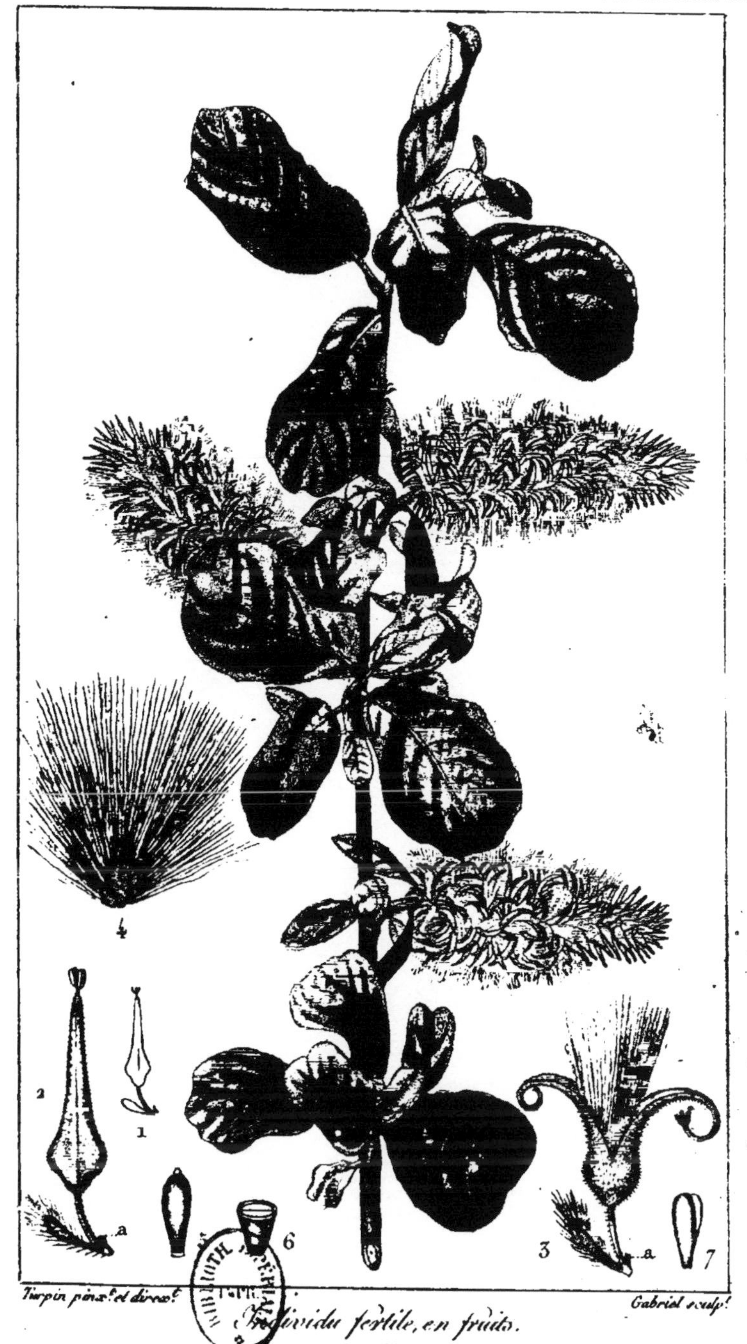

Turpin pinx.t et direx.t Gabriel sculp.t

BIBLIOTH. IMPERIALE

Individu fertile, en fruits.

SAULE Marceau.

SALIX caprea.(Lin.)

(1/2 Grand. nat.)

1. *Fruit de grand. nat.* 2. *Id. grandi.* a. *Etamines rudimentaires.* 3. *Péricarpe ouvert.* a. *Etamines rudim.res* 4. *Graine chevelue.* 5. *Id. dépouillée.* 6. *Id. coupée horizont.ment* 7. *Emb.on isolé*

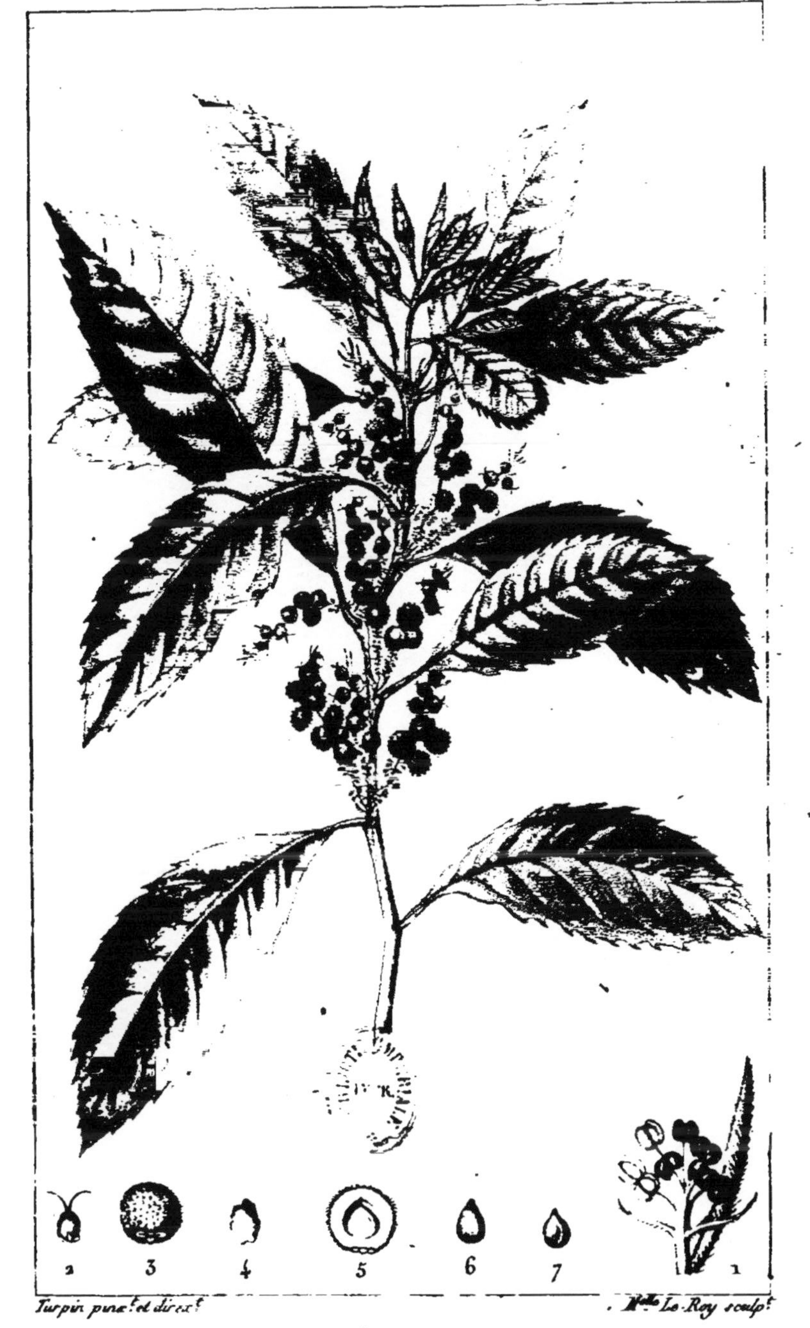

Turpin pinx.t et direx.t *M.lle Le Roy sculp.t*

CIRIER à dents aigues.

MYRICA arguta. *(Kunth in Humb.)*

(1/2 Grand nat.)

1. Fleur mâle, accompagnée de sa bractée. 2. Fleur femelle. 3. Fruit. 4. Foliole calicinale. 5. Fruit coupé dans sa longueur. 6. Graine. 7. Embryon.

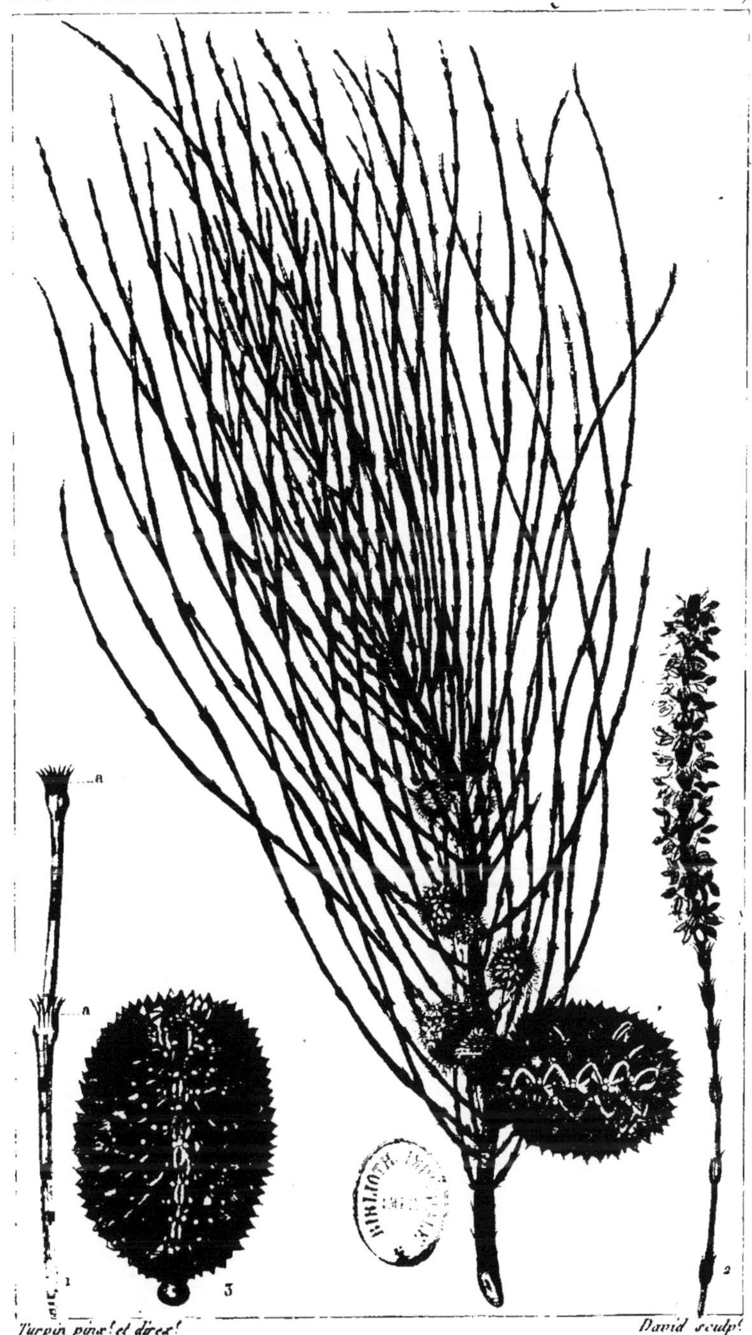

Turpin pinx.t et direx.t *David sculp.t*

CASUARINA à quatre valves. *Filao.*

CASUARINA quadrivalvis. (*Labill.*)

(2/3 *Grand. nat.*)

1. Jeune rameau, grossi, a. Feuilles verticillées, soudées à la base. 2. Fleurs mâles monandres, axillaires, formant épi au sommet des jeunes rameaux. 3. Fruits réunis en cône, de grosseur naturel.

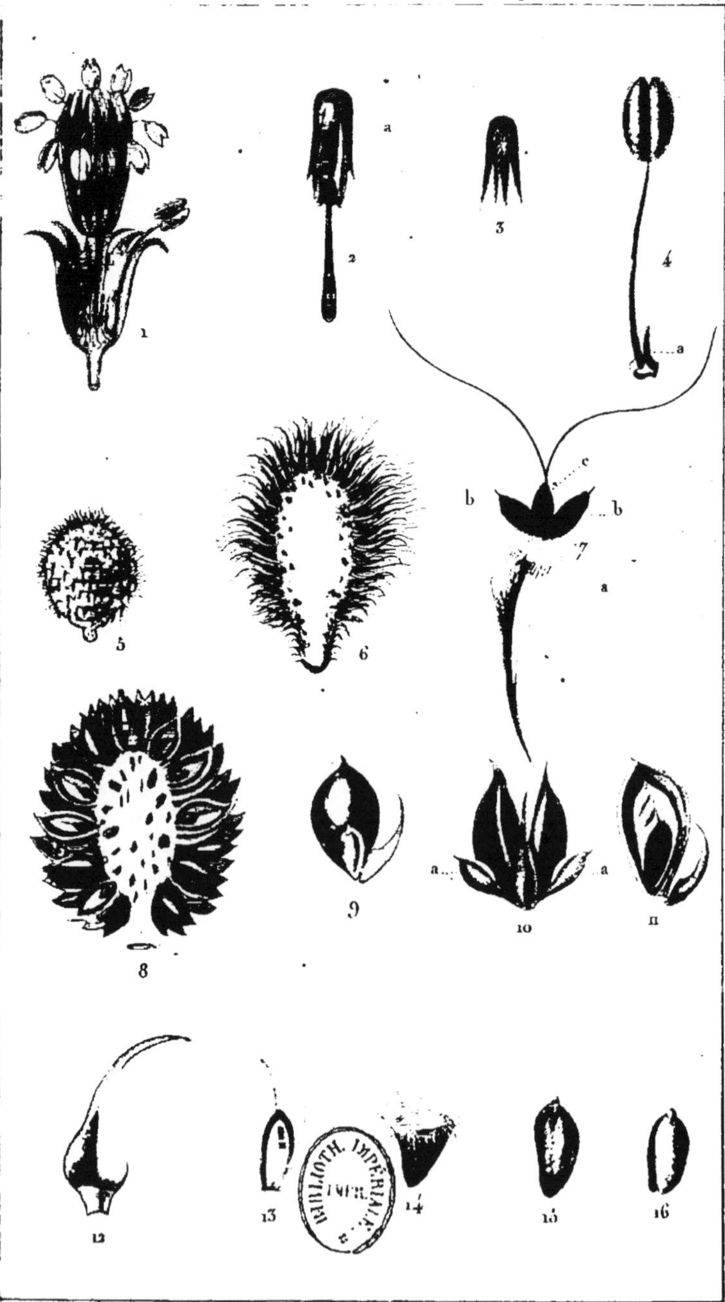

Turpin pinx.t et direx.t *David sculp.*

CASUARINA à quatre valves. *Filao.*

CASUARINA quadrivalvis. *(Labill.)*

1. *Deux verticilles portant des fleurs mâles, l'inférieure coupée pour faire voir l'insertion des fleurs.* 2. *Fleur détachée de son calice et dont l'anthère porte en* a. *la corolle.* 3. *Corolle.* 4. *Fleur mâle dégagée de sa corolle.* a. *Calice.* 5. *Réunion de fleurs femelles.* 6. *Coupe verticale de la fig. précédente.* 7. *Fleur femelle.* a. *Ecaille.* b. *Calice.* c. *Pistil.* 8. *Coupe verticale d'un cone mûr.* 9. *Capsule.* 10. *Id. ouverte.* a. *Calice persistant.* 11. *Id. coupée pour faire voir la situation de la graine.* 12. *Ecaille.* 13. *Graine.* 14. *Id. coupée horizontalement.* 15. *Id. dégagée de sa tunique extérieure.* 16. *Embryon.*

BOTANIQUE.

DICOTYLÉDONES. Bétulinées. (Richard.)

Turpin pinx.t et direx.t *Gabriel sculp.t*

BOULEAU à feuilles de Marceau.

BETULA pumila. *(Lin.) (Grand. nat.)*

1. *Inflorescence monoaxifère, chaton stérile.* 2. *Chaton fertile.* 3. *Fleurs stériles.* 4. *Deux étamines, l'une ouverte.* 5 *Fleur fertile.* 6. *Fleur fertile coupée verticalem.t* 7. *Fruits mûrs situés à l'aisselle de la feuille rudimentaire.* 8. *Fruit isolé de gros.r nat.* 9 *Id. grossi.* 10 *Id. coupé horizont.ment* 11 *Id. coupé vertic.ment* a. *Loge repoussée et graine avortée.* 12. *Graine.* 13. *Emb.on*

DICOTYLÉDONES. Cupulifères. *(Richard.)*

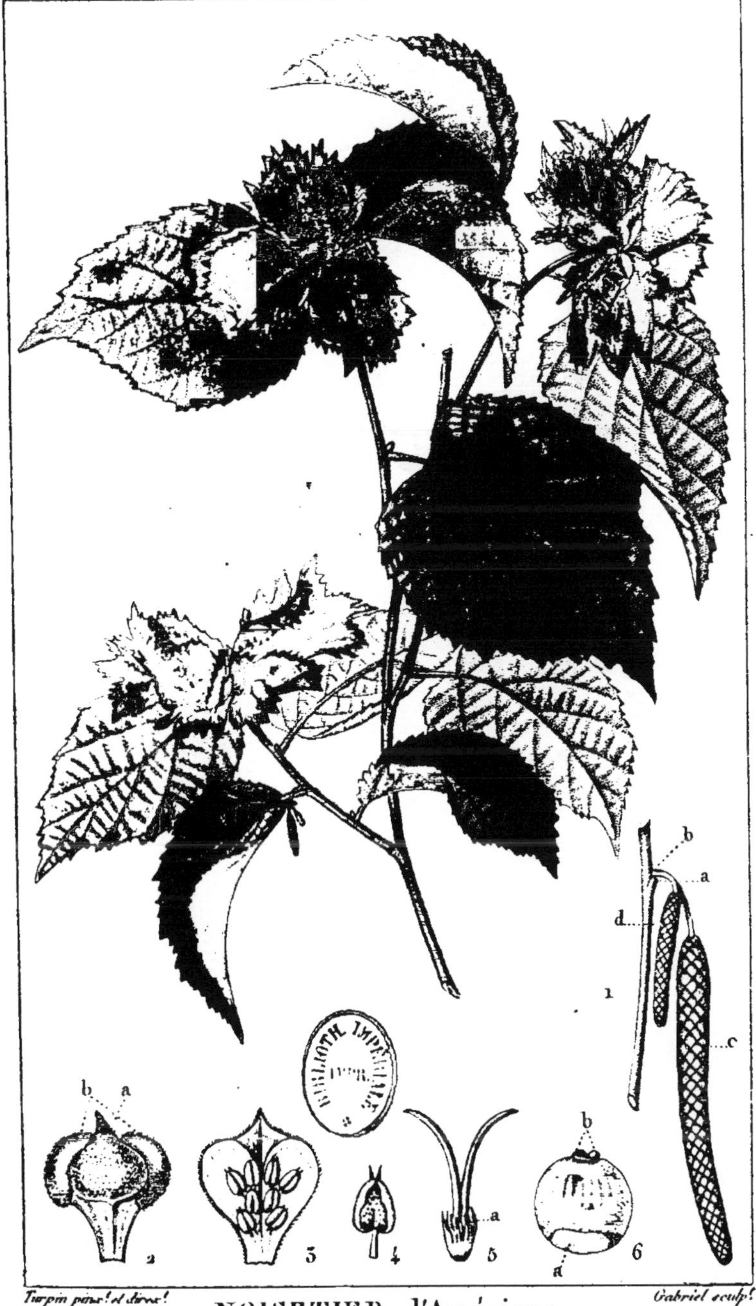

BIBLIOTH. IMPÉRIALE IMPR.

Turpin pinx.t et direx.t *Gabriel sculp.t*

NOISETIER d'Amérique.

CORYLUS Americana. *(Mich.x) (1/2 Grand. nat.)*

1. Tige ayant donné naissance, dans l'aisselle d'une feuille, à un rameau florifère, mâle (Chaton) a. Point d'insertion de la feuille. b. Nœud-vital d'où est sorti le rameau à fleurs. c. Rameau terminal. d. Id. latéral. 2. Ecaille détachée du chaton. a. Feuille rudimentaire soudée par sa base, avec les deux feuilles florales b. 3. Id. vue du côté intérieur afin de montrer la disposition des huit étamines. 4. Etamine dont l'anthère est ouverte. 5. Fleur femelle. a. Calice à bord fimbrié. 6. Fruit dépouillé de son involucre. a. Aréole par laquelle il communiquait avec la plante-mère. b. Vestiges du calice.

DICOTYLÉDONES. Cupulifères. *(Richard.)*

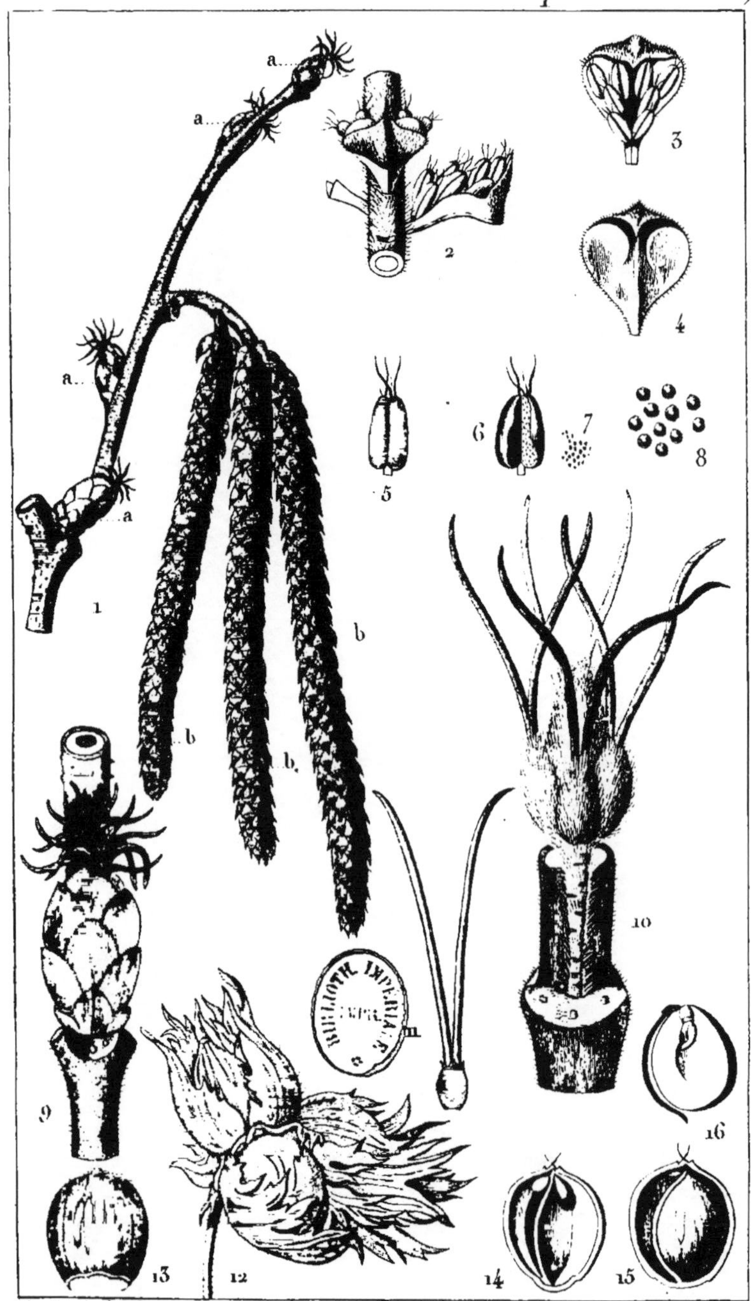

Turpin pinx.t et direx.t *Analyse de la fleur et du fruit.* *Massard sculp.t*

NOISETIER avelinier.

CORYLUS avellana. *(Lin.)*

1. Rameau pourvu de fleurs fertiles en a. et de fleurs stériles (Chatons) en b. 2. Portion d'un chaton montrant 2 fleurs stériles ou staminifères. 3. Fleur stérile. 4. Id. dépourvue de ses 8 étamines. 5. Etamine. 6. Id. ouverte. 7. Utricules polliniques. 8. Id. grossis. 9. Fleurs fertiles, pistillifères, abritées par plusieurs feuilles écailleuses. 10. Id. dépouillées de leurs écailles. 11. Une fleur isolée. 12. Trois fruits. 13. Fruit dégagé de son involucre. 14. Jeune fruit, coupé, montrant ses 2 ovules. 15. Id. mûr. 16. Embryon manquant de l'une de ses feuilles cotylées.

Turpin pinx.t et direx.t *Dien sculp.t*

CHATAIGNIER commun.

CASTANEA vesca. *(Willden.)*

(1/3 Grand. nat.)

1. *Fleur mâle.* 2. *Id. ouverte.*

BOTANIQUE.

DICOTYLÉDONES. Cupulifères. *(Richard.)*

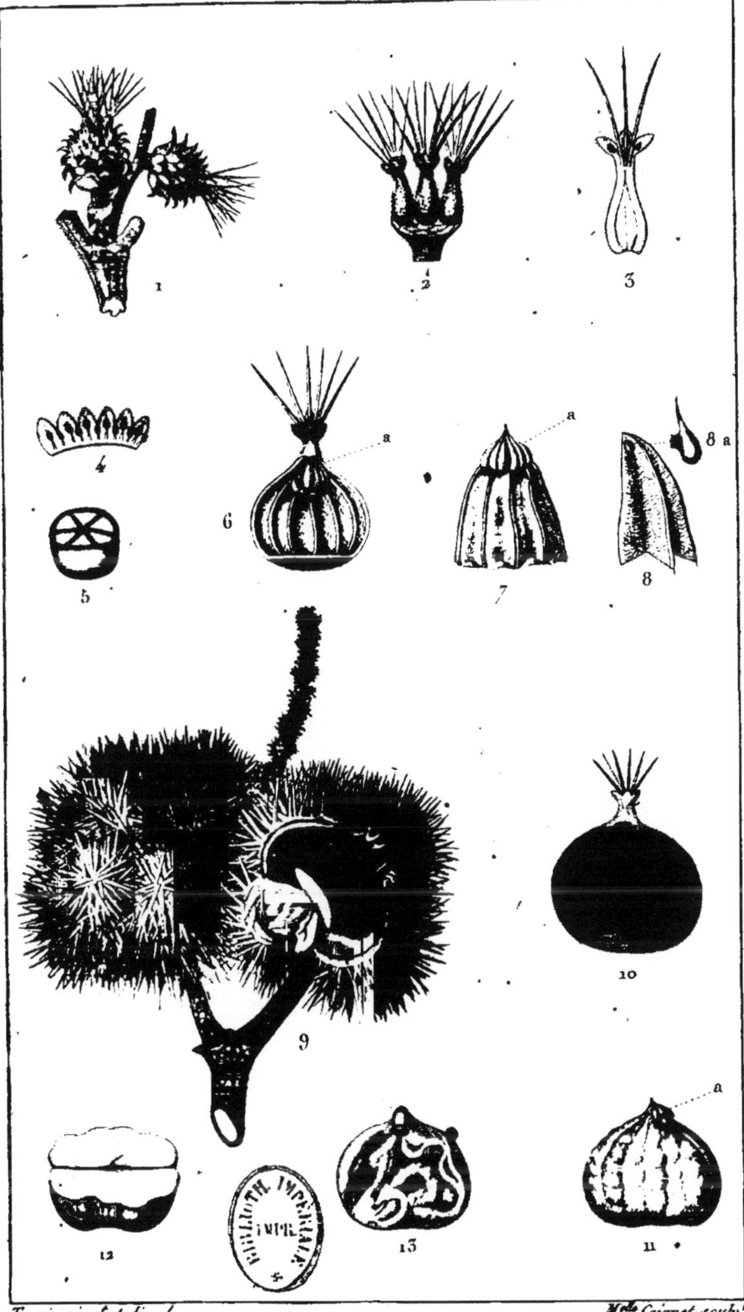

BIBLIOTH. IMPÉRIALE IMPR.

Turpin pinx.t et direx.t *M.elle Coignet sculp.t*

CHATAIGNER commun.

CASTANEA vesca. *(Wilden.)*

1. *Fleurs Femelles contenues dans un* involucre. 2. *trois* fleurs femelles *dégagées de leur* involucre. 3. *Coupe verticale d'une fleur femelle.* 4. *Calice, ouvert, d'une fleur femelle.* 5. *Coupe horizontale d'un ovaire* six loculaire. 6. *Coupe verticale d'un jeune fruit.* 6. a. douze ovules *attachés dans l'angle supérieur des loges.* 7. *Cloisons du même.* 7. a. *Situation des ovules.* 8. *Trois cloisons.* 8. a. *Ovule.* 9. *Fruits murs.* 10. *Péricarpe dégagé de sa* cupule *ou* involucre. 11. *Graine.* 11. a. ovules avortés. 12. *Coupe horizontale de la même.* 13. *Un lobe de l'embryon avec sa radicule.*

Turpin pinx.t et direx.t

M.elle Coignet sculp.

IF commun.

TAXUS baccata. (*Lin.*) (*Grand nat.*)

1. Chaton mâle. 2. Ecaille peltée, anthérifère. 3. la même vue de côté, lançant le pollen. 4. Chaton femelle, grossi. 5. le même coupé vert.t a. Ecaille supér.re b. Cupule. c. Ovaire. d. Stigmate. e. Bourelet glanduleux entourant la base de la cupule. 6. Cupule mise à découvert. 7. Fruit mûr dont on a coupé la moitié de la cupule pour faire voir le péricarpe. 8. Coupe horiz.le d'un péricarpe. 9. Graine. 10. la même coupée dans sa long.r 11. Embryon.

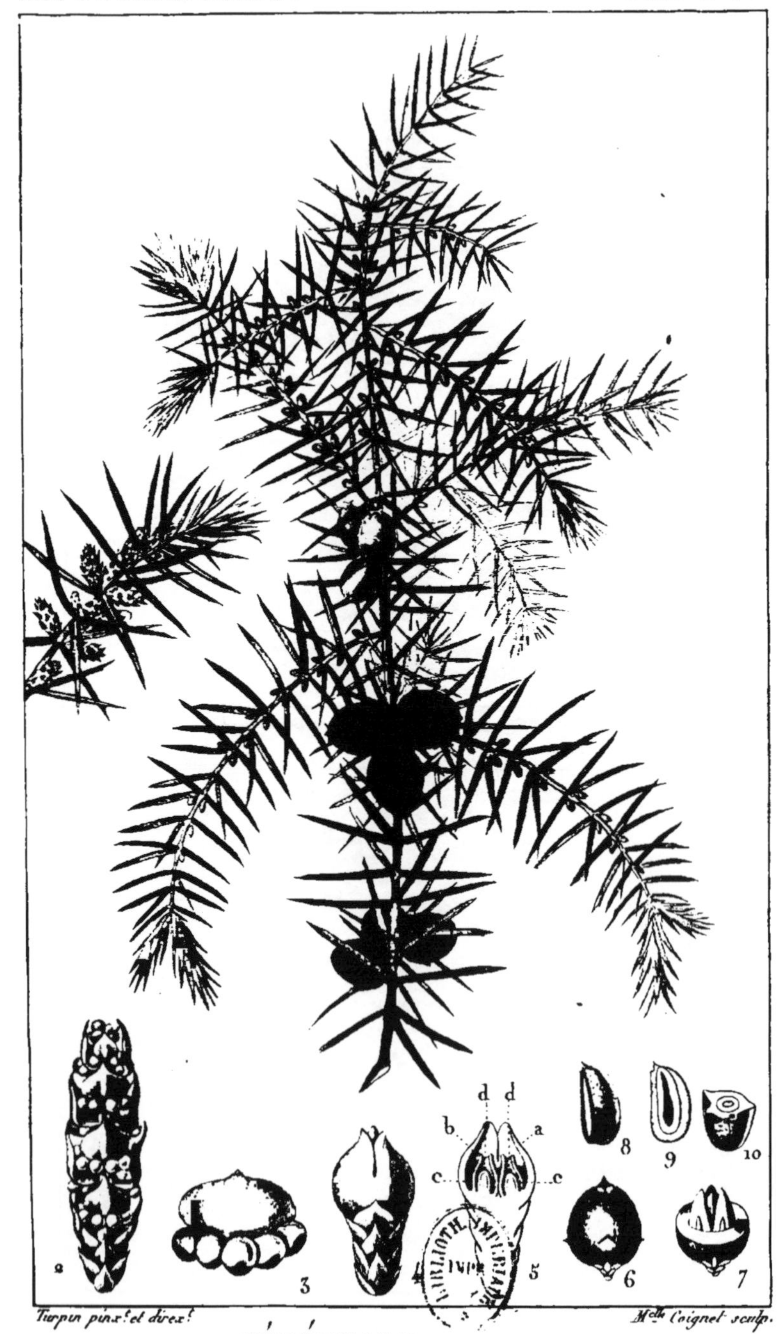

Turpin pinx.t et direx.t *M.lle Coignet sculp.*

GÉNÉVRIER commun.

***JUNIPERUS* communis.** *(Lin.)*

(Grand. nat.)

1. *Rameau portant des chatons mâles.* 2. *Chaton mâle, grossi.* 3. *Ecaille détachée d'un chaton dont les anthères répandent le pollen.* 4. *Chaton femelle.* 5. *le même coupé vert.t a. Ecaille supér.re b. Cupules. c. Ovaires. d. Stigmates.* 6. *Fruit mûr.* 7. *Id. coupé circul.t* [illegible] *carpes.* 8. *Péricarpe isolé.* 9. *Id. coupé vert.t* 10. *Id. coupé en travers.*

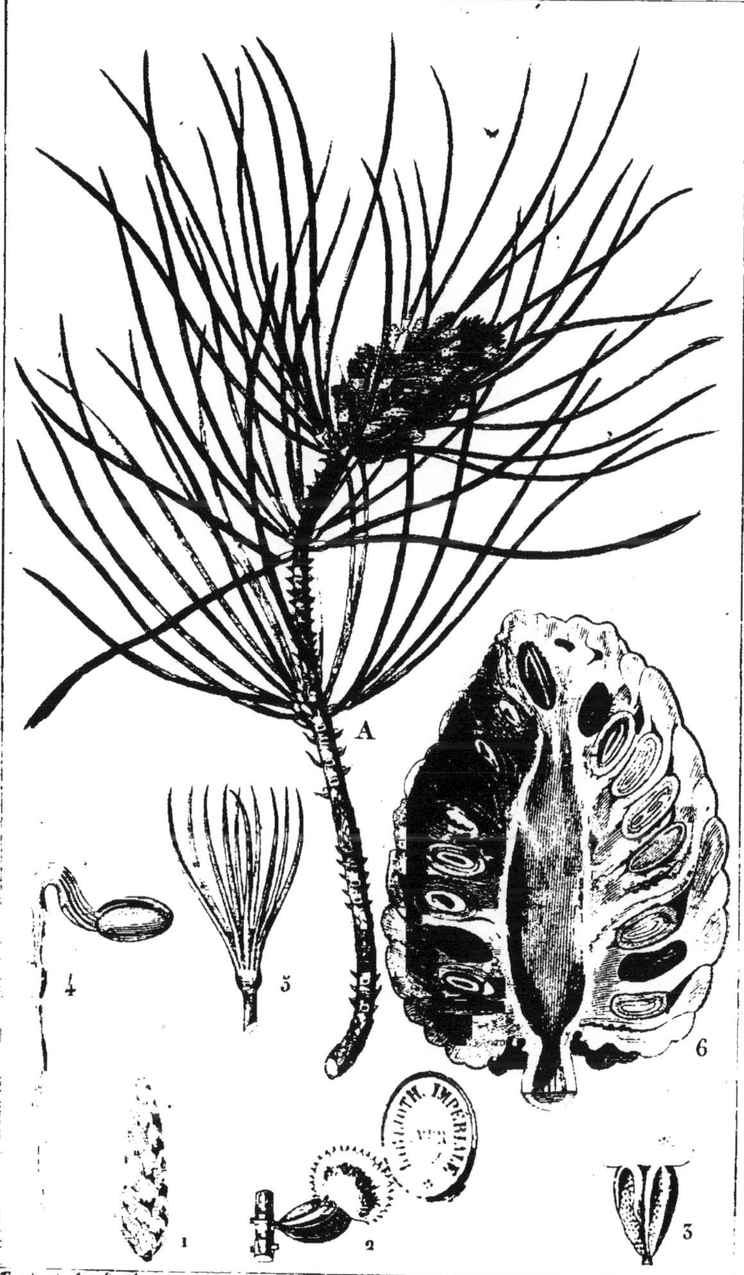

BIBLIOTH. IMPÉRIALE

Turpin pinx.t et direx.t *Plée sculp.*

PIN pignon.

PINUS pinea. *(Lin.)*

(1/2 Grand. nat.)

A. Individu mâle. 1. Chaton. 2. Ecaille staminifère, vue en dessus. 3. la même vue du côté des anthères. 4. Graine en germination. 5. Cotylédons. 6. Coupe vert.le d'un cône ou fruit mûr.

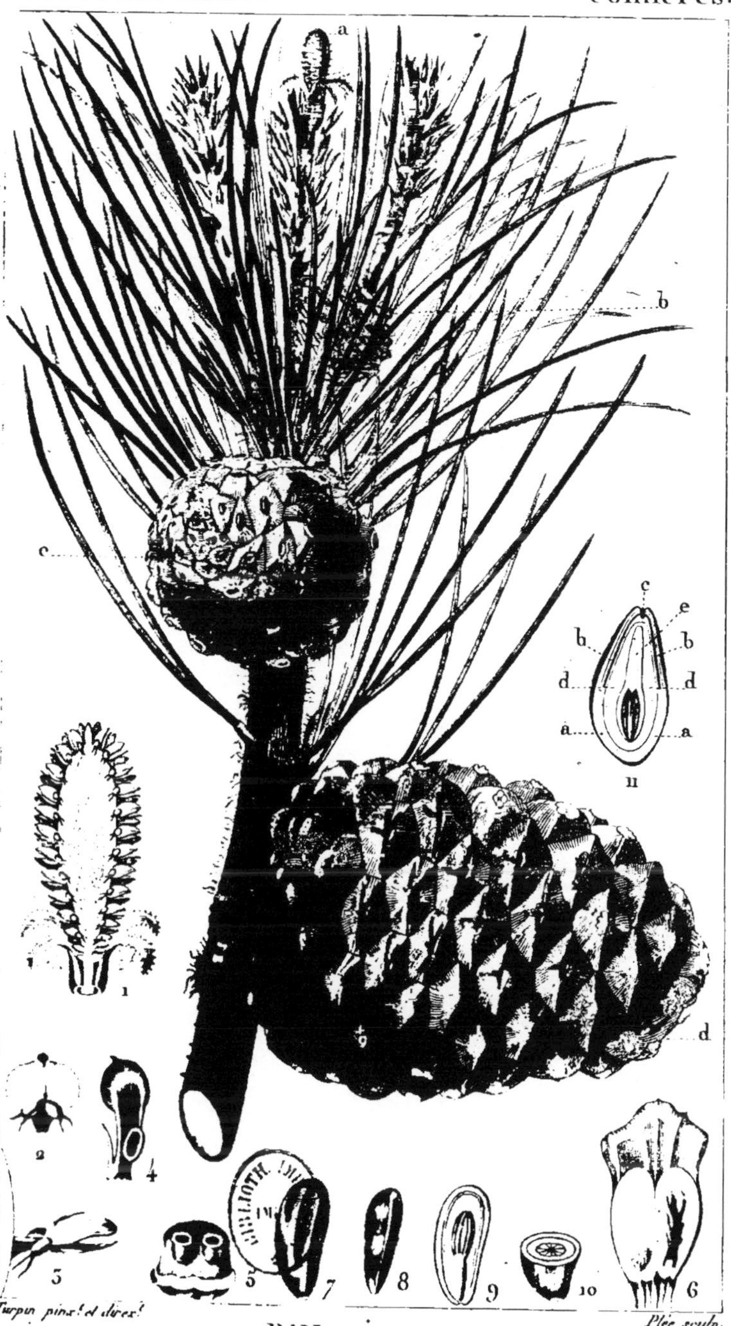

Turpin pinx.t et direx.t *Plée sculp.*

PIN pignon.

PINUS pinea. *(Lin.)* *(½ Grand. nat.)*

a. *Cône ou chaton femelle.* b. *Cône, 1.er âge.* c. *Cône, 2.ème âge.* d. *Cône, 3.ème âge ou fruit mûr.* 1. *Coupe vertic.le d'un chaton femelle, grossi.* 2. *Ecaille vüe en dessus portant à sa base 2 ovaires terminés chacun de 2 styles.* 3. *la même vue de côté.* 4. *Id. coupée dans sa long.r* 5. *Id. en travers.* 6. *Ecaille détachée d'un fruit mûr, sur la quelle on voit 2 péricarpes.* 7. *Péricarpe dépouillé de sa membrane ailée.* 8. *Graine.* 9. *Coupe vert.le d'un péricarpe.* 10. *Id. horizont.le* 11. *Coupe vert.le d'un autre péricarpe dans la quelle on distingue en* a. *la cupule.* b. *Limbe du calice.* c. *Place du stigmate.* d. *Périsperme.* e. *Embrion.*

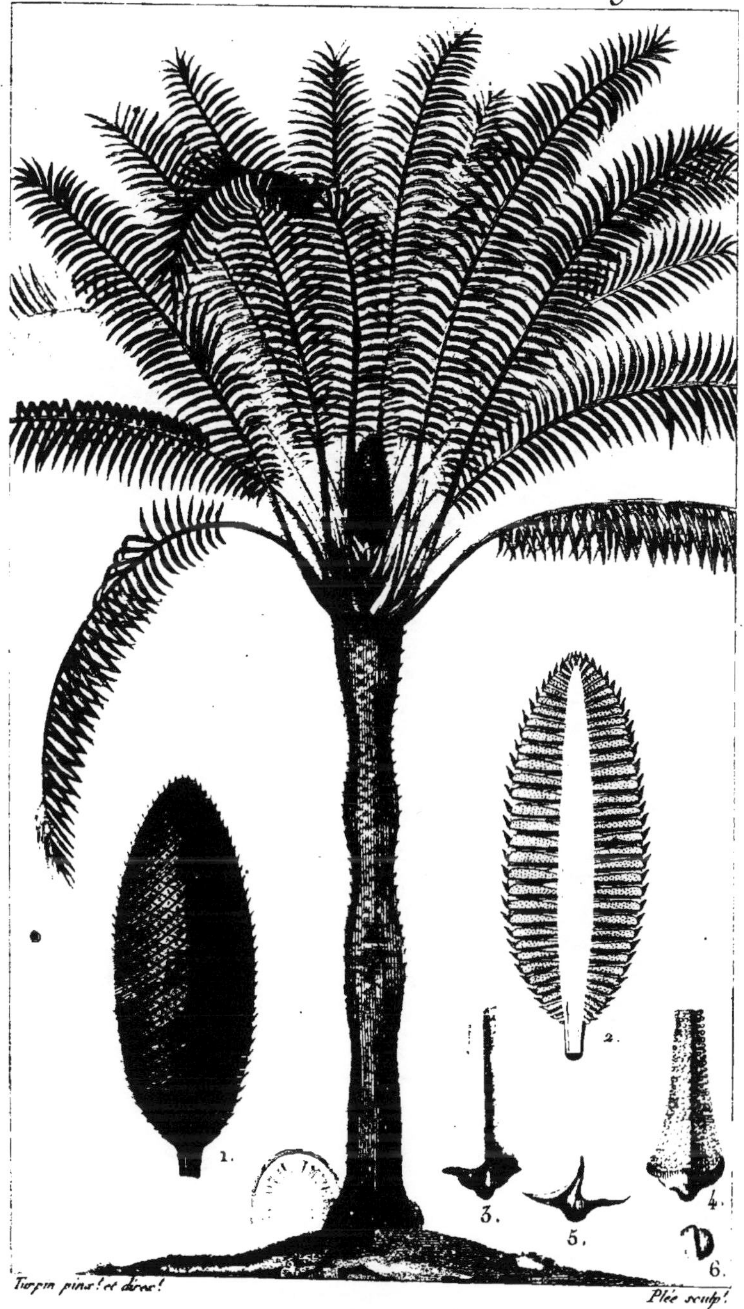

CYCAS des indes.

CYCAS circinalis. *(Lin.)*

(individu mâle 20e de grand. nat.)

1. *Cône composé d'un axe et d'écailles anthérifères.* 2. *Coupe verticale du même.* 3. *Une écaille détachée, vue du côté supérieur.* 4. *la même vue du côté des anthères.* 5. *Id. vue par le bout.* 6. *Anthère.*

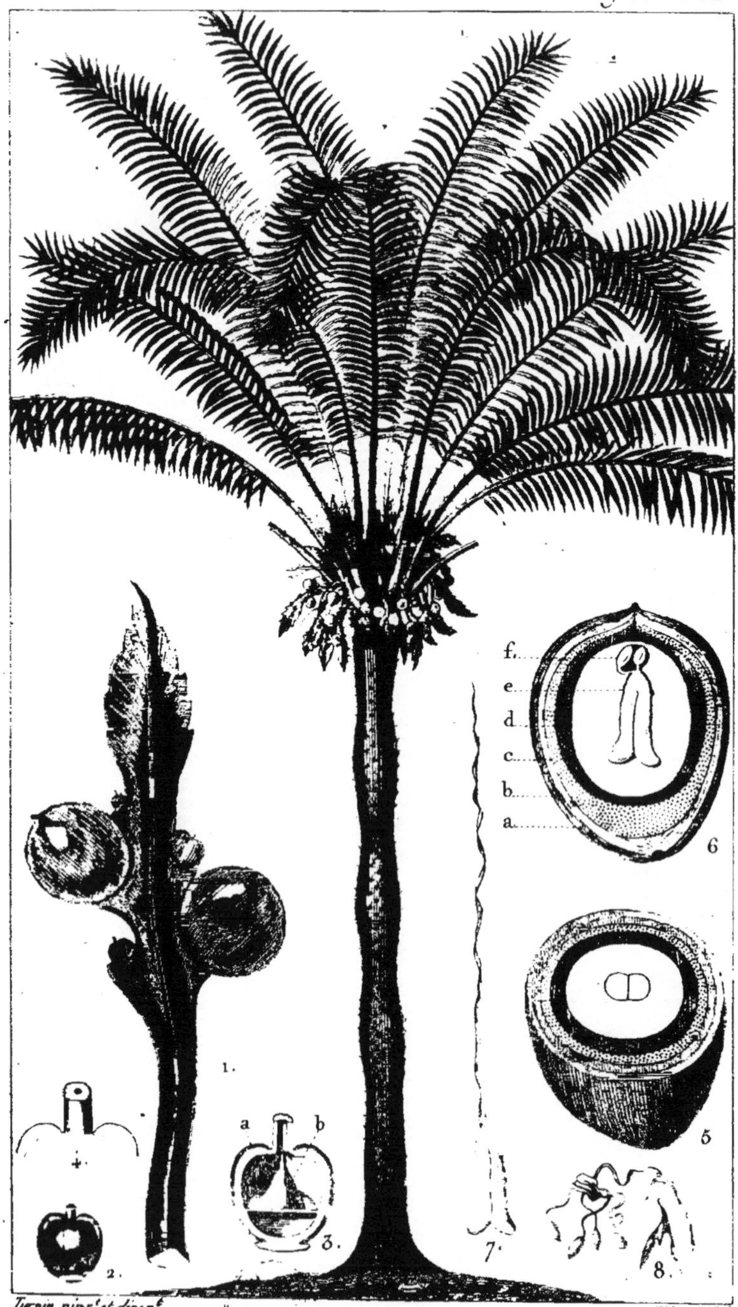

Turpin pinx.t et direx.t Plée sculp.t

CYCAS des indes.

CYCAS circinalis. *(Lin.)*

(individu femelle 20.e de grand. nat.)

1. *Pédoncule portant des fruits d'âges différents.* 2. *Pistil.* 3. *le même coupé vertical.t* a. cupule. b. Pistil vrai. 4. *Tube et orifice de la cupule.* 5. *Fruit coupé circulairem.t* 6. *le même coupé dans sa long.r* a. *chair (sarcocarpe)* b. *Partie ligneuse (endocarpe)* c. *Substance fongueuse.* d. *Périsperme.* e. *Embryon dévelopé.* f. *Id. avortés.* 7. *Embryon.* 8. *Un autre ouvert auquel tiennent quatre autres embryons avortés.*

BOTANIQUE.

DICOTYLÉDONES. *Fossiles.* Organes fructifères.

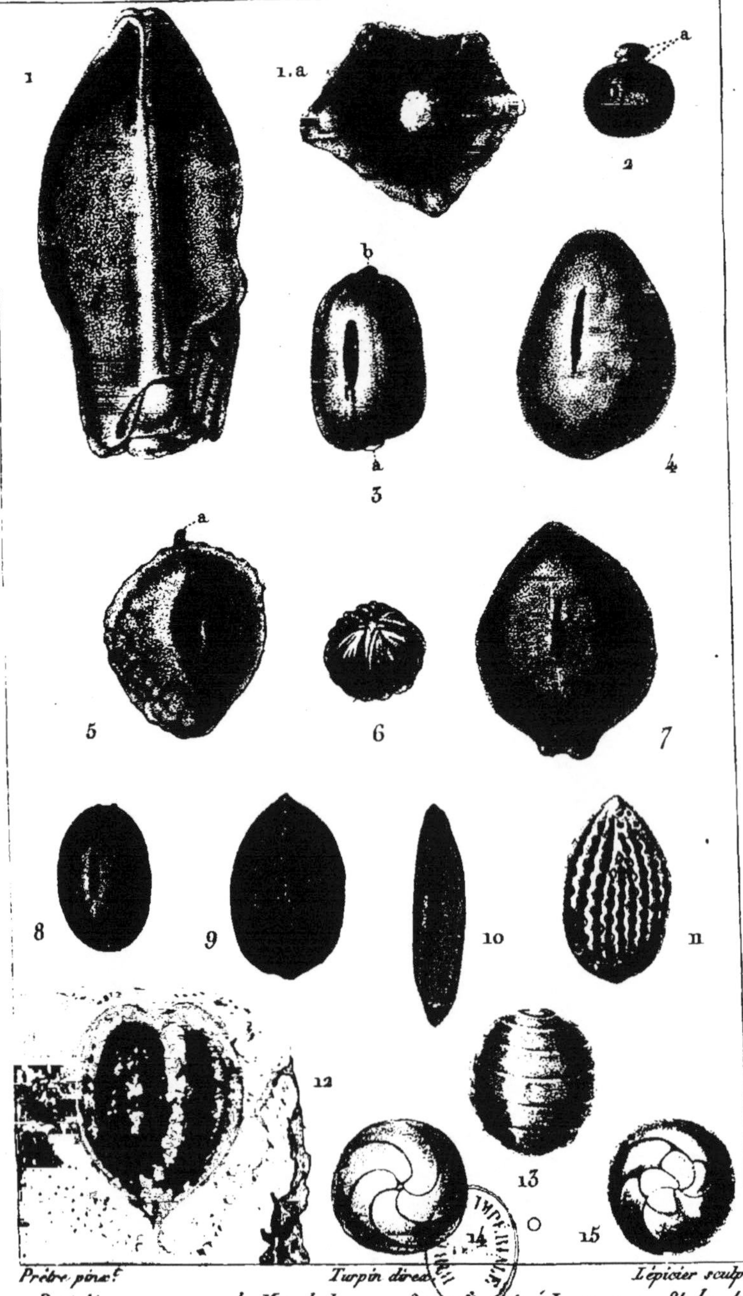

Prêtre pinx.t *Turpin direx.t* *Lépicier sculp.t*

1. Peut-être un noyau de Myrobolan. 1.a. Son sommet. 2. Inconnu. a. Style et stigmate. 3. Inconnu. a. Pédoncule. b. Style ou stigmate. 4. Inconnu. 5. Inconnu. a. Base d'un style. 6. Noyau d'une espèce de Elæocarpus. 7, 8, 9, 10 et 11. Inconnus trouvés dans l'île de Shepey. 12. Moitié d'une noix enchassée dans un grès à gros grains. 13, 14 et 15. Graines de Chara, vues en trois sens différents; Gyrogonites des conchyliologistes.

DICOTYLÉDONES. *Fossiles.* Organes fructifères.

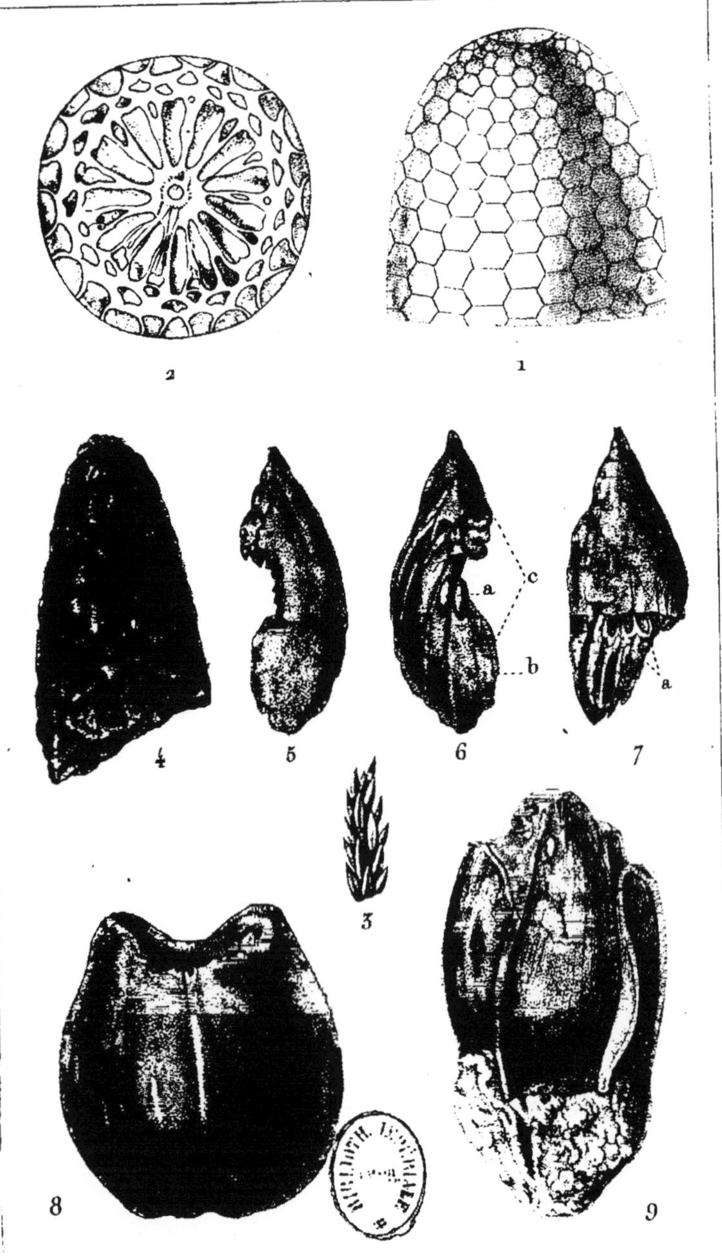

BIBLIOTH. IMPERIALE

Prêtre pinx.t *Turpin direx.t* *Lépicier sculp.t*

1. *Cône nommé anatite par Guettard.* 2. *Coupe horizontale du même.* 3. *Portion de rameau d'un Lycopode.* 4. *Portion d'un cône de Pinus larix, peut-être.* 5. *Une écaille de cône.* 6. *Id. vue intérieurement.* a. *Deux péricarpes.* b. *Leurs ailes,* c. *l'écaille.* 7. *Id.* a. *Trois péricarpes.* 8 et 9. *Fruits ou graines inconnus de l'île de Shepey.*

Imprimé en France
FROC021654200120
23227FR00020B/258/P

9 782329 355870